ゼロからはじめる

docomo

Galaxy S21《ー エストゥエンティワン》

5G Ultra 5G スマートガイド

ドコモ【Galaxy S21 5G SC-51B】
【Galaxy S21 Ultra 5G SC-52B】

技術評論社編集部 著

技術評論社

CONTENTS

Chapter 1 Galaxy S21 5G/S21 Ultra 5Gのキホン

Chapter 2 電話機能を使う

Chapter 3 メールやインターネットを利用する

Chapter 4 Googleのサービスを利用する

CONTENTS

Chapter 7 独自機能を使いこなす

Chapter 8 S21/S21 Ultraを使いこなす

CONTENTS

ご注意：ご購入・ご利用の前に必ずお読みください

●本書に記載した内容は、情報の提供のみを目的としています。したがって、本書を用いた運用は、必ずお客様自身の責任と判断によって行ってください。これらの情報の運用の結果について、技術評論社および著者、アプリの開発者はいかなる責任も負いません。

●ソフトウェアに関する記述は、特に断りのない限り、2021年6月現在での最新バージョンをもとにしています。ソフトウェアはバージョンアップされる場合があり、本書での説明とは機能内容や画面図などが異なってしまうこともあり得ます。あらかじめご了承ください。

●本書は以下の環境で動作を確認しています。ご利用時には、一部内容が異なることがあります。あらかじめご了承ください。
端末 ： Galaxy S21 5G SC-51B（Android 11）
Galaxy S21 Ultra 5G SC-52B（Android 11）
パソコンのOS ： Windows 10

●インターネットの情報については、URLや画面などが変更されている可能性があります。ご注意ください。

以上の注意事項をご承諾いただいたうえで、本書をご利用願います。これらの注意事項をお読みいただかずに、お問い合わせいただいても、技術評論社は対処しかねます。あらかじめ、ご承知おきください。

Chapter 1

Galaxy S21 5G/S21 Ultra 5Gのキホン

Section 01

Galaxy S21 5G/S21 Ultra 5Gについて

Galaxy S21 5G SC-51B（以降S21）とGalaxy S21 Ultra 5G SC-52B（以降S21 Ultra）は、ドコモが販売しているAndroidスマートフォンです。高機能カメラにより、手軽に美しい写真を撮影することができます。

各部名称を覚える

❶	フロントカメラ
❷	ディスプレイ（タッチスクリーン）
❸	指紋センサー
❹	受話口／スピーカー
❺	nanoUIMカードトレイ
❻	送話口／マイク（上部）
❼	送話口／マイク（下部）
❽	USB Type-C接続端子
❾	スピーカー
❿	音量UPキー／音量DOWNキー
⓫	サイドキー
⓬	リアカメラ
⓭	マイク（背面）
⓮	ワイヤレス充電位置

※本体写真はS21のものです。

S21とS21 Ultraの違い

本書の解説は、Galaxy S21 5G SC-51BとGalaxy S21 Ultra 5G SC-52Bの両方に対応しています。両者は、大きさやディスプレイが異なりますが、一番大きな違いは、カメラモジュールの部分です。本書では主にS21を使用して機能を解説しますが、S21 Ultraで機能が異なる場合は、都度注釈を入れています。

●S21のカメラモジュール

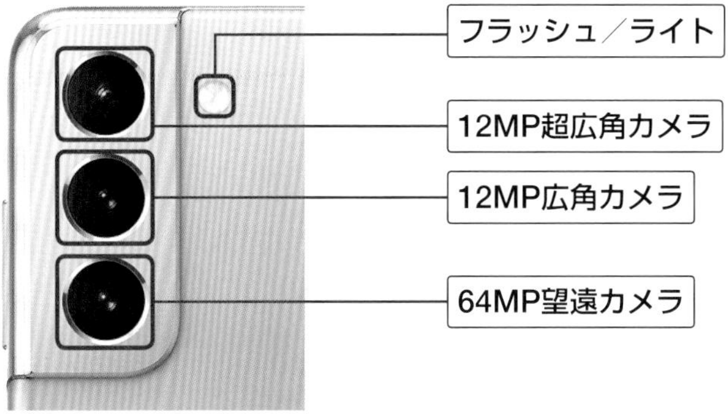

●S21 Ultraのカメラモジュール

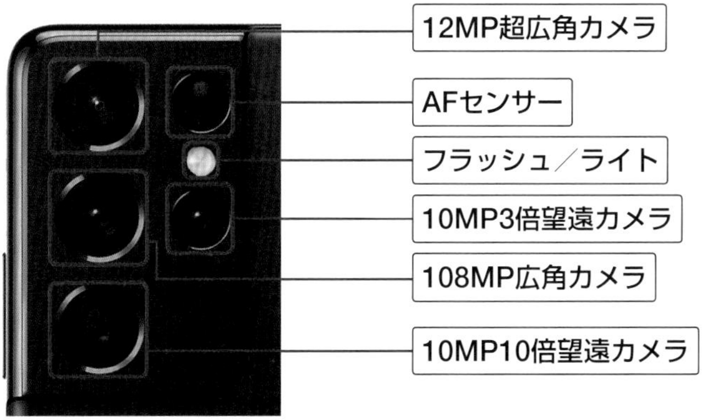

MEMO

S21 UltraはSペンに対応

S21 Ultraは、Galaxy Noteシリーズに内蔵されているSペンを利用することができます。Sペンは別売ですが、Sペンを利用すると、カレンダーに直接手書きでメモを書き込んだり、S21 Ultraをメモ帳のように利用することができます。

Section 02

電源のオン／オフとロックの解除

電源の状態にはオン、オフ、スリープモードの3種類があります。3つのモードはすべて電源キーで切り替えが可能です。一定時間操作しないと、自動でスリープモードに移行します。

ロックを解除する

1 スリープモードで電源キーを押すか、ディスプレイをダブルタップします。

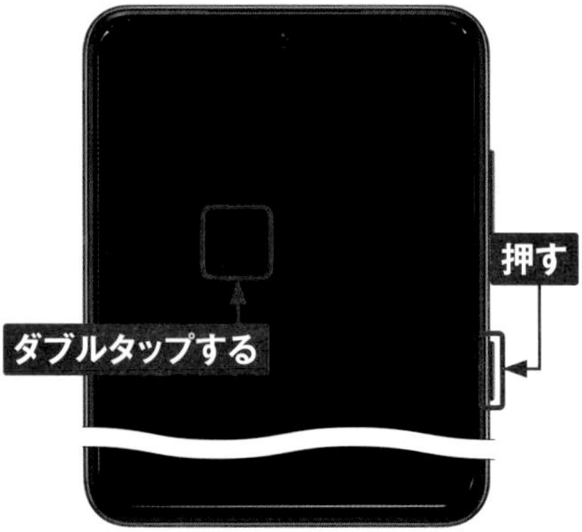

2 ロック画面が表示されるので、PIN（Sec.54参照）などを設定していない場合は、画面をスワイプします。

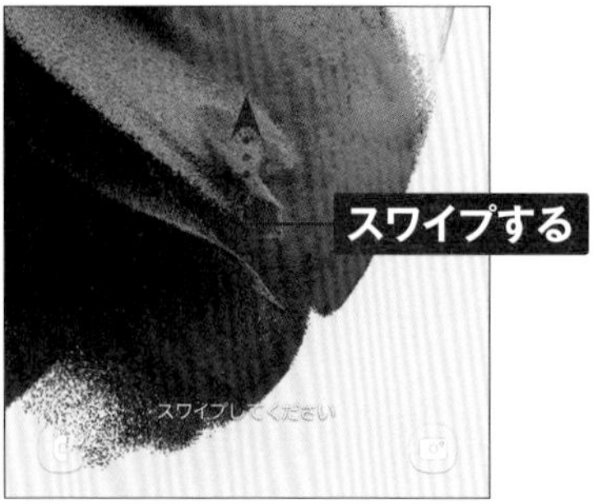

3 ロックが解除され、ホーム画面が表示されます。再度電源キーを押すとスリープモードになります。

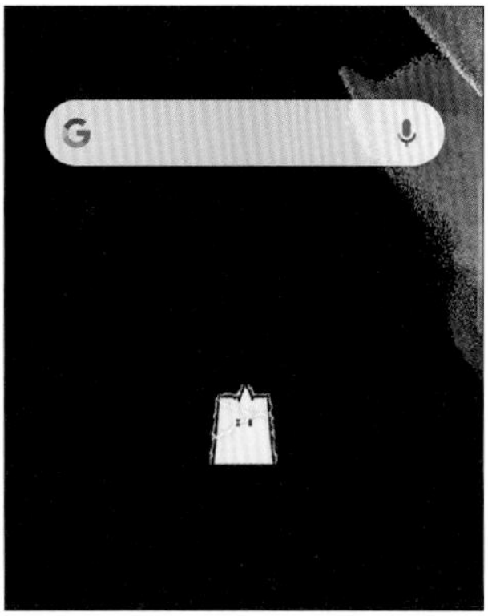

MEMO

スリープモードとは

スリープモードは画面の表示が消えている状態です。バッテリーの消費をある程度抑えることはできますが、通信などは行っており、スリープモードを解除すると、すぐに操作を再開することができます。また、操作をしないと一定時間後に自動的にスリープモードに移行します。

電源を切る

1 画面が表示されている状態で、電源キーを長押しします。

2 メニューが表示されるので、<電源OFF>をタップします。

3 次の画面で<電源OFF>をタップすると、電源がオフになります。電源をオンにするには、電源キーを一定時間長押しします。

MEMO

ロック画面からのアプリの起動

ロック画面に表示されているボタンを画面中央にドラッグすることで、ロックを解除することなく、カメラや電話などのアプリを起動することができます。

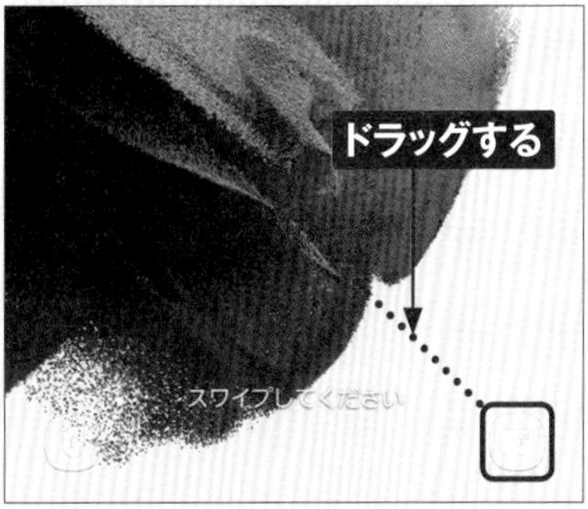

Section 03

基本操作を覚える

S21/S21 Ultraの操作は、タッチスクリーンと本体下部のボタンを、指でタッチやスワイプ、またはタップすることで行います。ここでは、ボタンの役割、ホーム画面の操作を紹介します。

1 ボタンの操作

MEMO

ナビゲーションバーをカスタマイズする

ナビゲーションバーは、履歴ボタンと戻るボタンの位置を逆にしたり、ボタンを非表示にして画面を広く使えるようにすることもできます（Sec.64参照）。ボタンを非表示にした場合は、画面の最下部に表示されたバーを上にスワイプして操作します。

Ⅲ履歴ボタン	最近操作したアプリが一覧表示されます（P.17参照）。
○ホームボタン	ホーム画面が表示されます。一番左のホーム画面以外を表示している場合は、一番左の画面に戻ります。ロングタッチでGoogleアシスタント（Sec.33参照）が起動します。
＜戻るボタン	1つ前の画面に戻ります。

ホーム画面の見かた

ステータスバー
状態を表示するステータスアイコンや、通知アイコンが表示されます(P.14参照)。

クイック検索ボックス
タップすると、検索画面やトピックが表示されます。

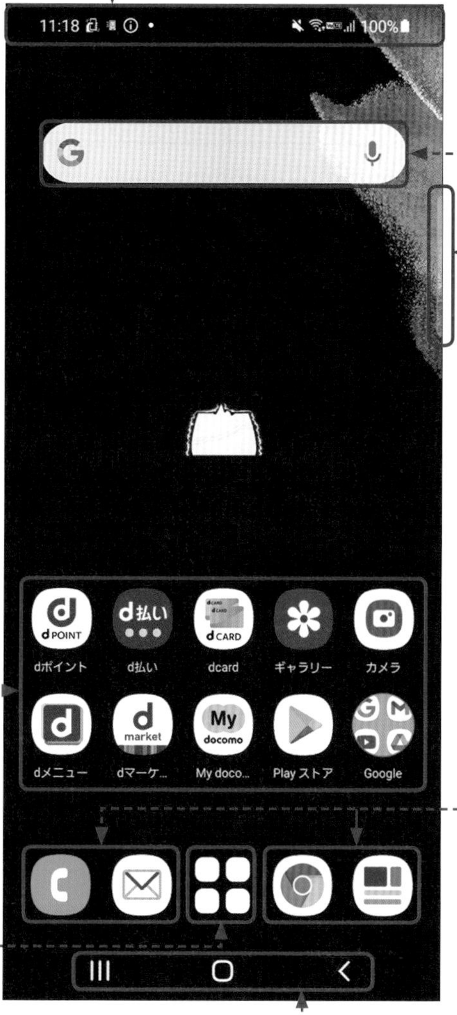

アプリアイコンとフォルダ
タップするとアプリが起動したり、フォルダの内容が表示されます。

エッジパネルハンドル
画面の中央に向かってスワイプすると、エッジパネルが表示されます(Sec.53参照)。

ドック
タップすると、アプリが起動します。なお、この場所に表示されているアイコンは、どのホーム画面にも表示されます。

アプリ一覧ボタン
タップすると、S21/S21 Ultraにインストールしている、すべてのアプリのアイコンが表示されます(P.16参照)。

ナビゲーションバー
S21/S21 Ultraを操作するボタンです(P.12参照)。

Section 04

情報を確認する

画面上部に表示されるステータスバーには、さまざまな情報がアイコンとして表示されます。ここでは、表示されるアイコンや通知の確認方法、通知の削除方法を紹介します。

ステータスバーの見かた

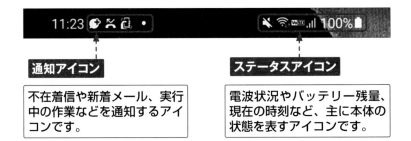

通知アイコン

不在着信や新着メール、実行中の作業などを通知するアイコンです。

ステータスアイコン

電波状況やバッテリー残量、現在の時刻など、主に本体の状態を表すアイコンです。

通知アイコン		ステータスアイコン	
	新着+メッセージ／新着SMSあり		マナーモード（バイブ）設定中
	不在着信あり		マナーモード（サイレント）設定中
	スクリーンショット完了		無線LAN（Wi-Fi）使用可能
	データ受信中／完了	4G+	データ通信状態
	新着ドコモメールあり		充電中
	アラーム通知あり		機内モード設定中

通知パネルを利用する

1 通知を確認したいときは、ステータスバーを下方向にスクロールします。

2 通知パネルに通知が表示されます。なお、通知はロック画面からも確認できます。通知をタップすると、対応アプリが起動します。通知パネルを閉じるときは、<をタップします。

通知パネルの見かた

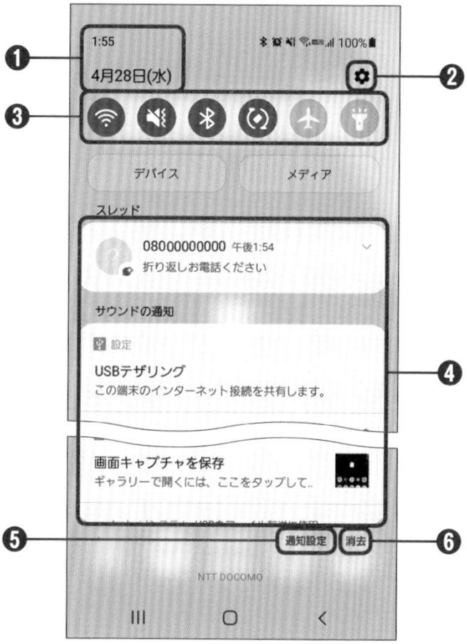

❶	時間と日付が表示されます。
❷	タップすると、［設定］画面が表示されます。
❸	クイック設定ボタン。タップして各機能のオン／オフを切り替えます。下にスクロールすると、表示されていないクイック設定が表示されます。
❹	通知や本体の状態が表示されます。左右にスワイプすると、通知の設定や消去ができます。
❺	タップすると、通知の設定ができます。
❻	通知を消去します。通知の種類によっては消去できないものがあります。

Section 05

アプリを利用する

アプリを起動するには、ホーム画面やアプリフォルダ内のアイコンをタップします。ここでは、アプリの終了方法や切り替えかたもあわせて覚えましょう。

アプリを起動する

1 ホーム画面の をタップします。

2 ［アプリ一覧］画面が開いたら、画面を上下にスクロールし、任意のアプリを探してタップします。ここでは、<設定>をタップします。

3 ［設定］アプリが起動します。アプリの起動中に く をタップすると、1つ前の画面（ここでは［アプリ一覧］）に戻ります。

MEMO

アプリの起動方法

インストールされているアプリは、ホーム画面や［アプリ一覧］画面に表示されます。アプリを起動するときは、ホーム画面や［アプリ一覧］画面のアイコンをタップします。

アプリを終了する

1 アプリの起動中やホーム画面で ||| をタップします。

2 最近使用したアプリ（履歴）が一覧表示されるので、終了したいアプリを、左右にフリックして表示し、上方向にフリックします。

3 フリックしたアプリが終了します。なお、すべてのアプリを終了したい場合は、＜全て閉じる＞をタップします。

MEMO

アプリの切り替え

アプリを切り替えたい場合は、手順**2**の画面で、切り替えたいアプリをタップします。

Application

Section 06

文字を入力する

S21/S21 Ultraでは、ソフトウェアキーボードで文字を入力します。「テンキー」（一般的な携帯電話の入力方法）と「QWERTYキーボード」を切り替えて使用できます。

1

文字入力方法

テンキー

かな入力

QWERTYキーボード

ローマ字入力

MEMO

2種類のキーボード

S21/S21 Ultraのソフトウェアキーボードは、標準の「テンキー」とローマ字入力の「QWERTYキーボード」から選択することができます。なお「テンキー」は、トグル入力ができる「テンキーフリックなし」、トグル入力に加えてフリック入力ができる「テンキーフリック」、フリック入力の候補表示が上下左右に加えて斜めも表示される「テンキー 8フリック」から選択することができます。

キーボードの種類を切り替える

1 文字入力が可能な場面になると、キーボード（画面は「テンキーフリック」）が表示されます。⚙をタップします。

2 ［Galaxyキーボード］画面が表示されるので、＜言語とタイプ＞をタップします。

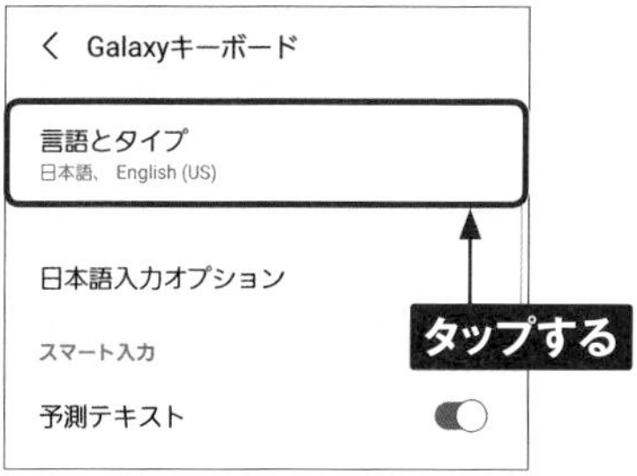

3 ［言語とタイプ］画面が表示されます。ここでは、日本語入力時のキーボードを選択します。＜日本語＞をタップします。

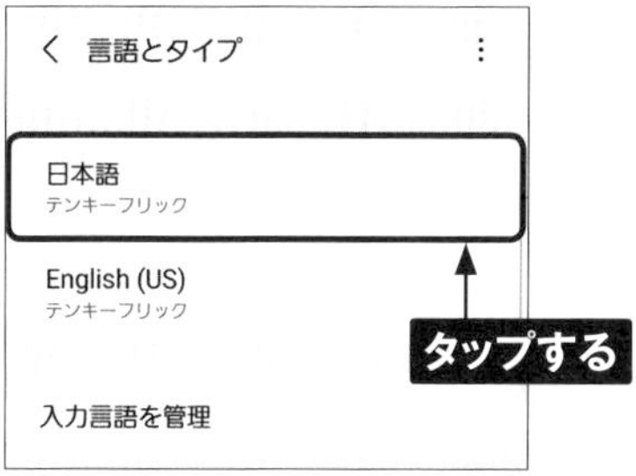

4 利用できるキーボードが表示されます。ここでは＜QWERTY＞をタップします。

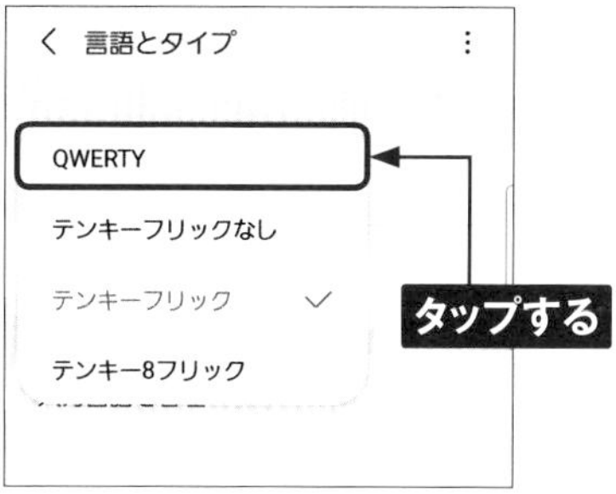

5 ［言語とタイプ］画面の［日本語］欄が［QWERTY］に変わりました。＜を2回タップします。

6 入力欄をタップすると、QWERTYキーボードが表示されます。なお、∨タップすると、キーボードが非表示になります。

文字種を切り替える

1 現在はテンキーの日本語入力になっています。文字種を切り替えるときは、⊕をタップします。

2 半角英数字の英語入力になります。キーボードは、P.19で設定したキーボードが表示されます（標準では「テンキーフリック」）。A/aをタップします。

3 大文字に固定して入力できるようになります。A/aをタップすると、小文字に戻ります。

4 手順**1**または手順**2**の画面で、!#1をタップすると、画面のような数字入力になります。文字入力に戻す場合は、ABCまたはあいうをタップします。

片手入力しやすいように設定する

1 キーボード上部にアイコンが表示された状態で、…をタップします。

2 ＜モード＞をタップします。

3 ＜片手キーボード＞をタップします。

4 キーボードが右寄りになりました。＜をタップすると、左寄りになります。元に戻す場合は、⤢をタップします。

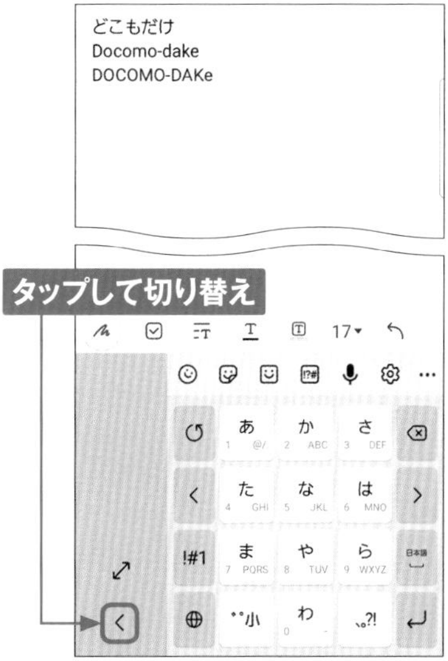

Section 07 テキストをコピー&ペーストする

S21/S21 Ultraは、パソコンと同じように自由にテキストをコピー&ペーストできます。コピーしたテキストは、別のアプリにペースト（貼り付け）して利用することもできます。

テキストをコピーする

1 コピーしたいテキストの辺りをダブルタップします。

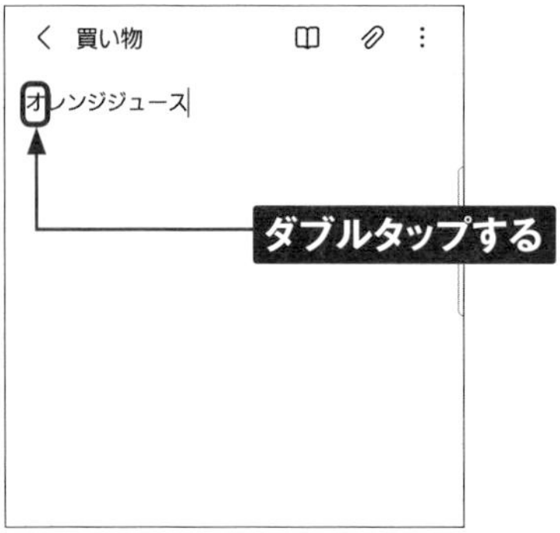

2 テキストが選択されます。 と を左右にドラッグして、コピーする範囲を調整します。

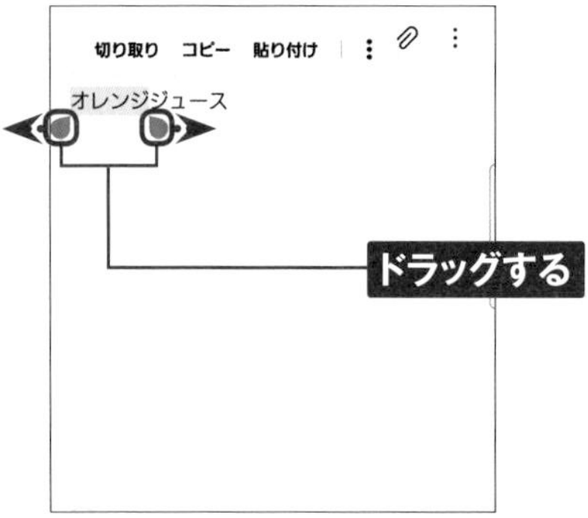

3 <コピー>をタップします。

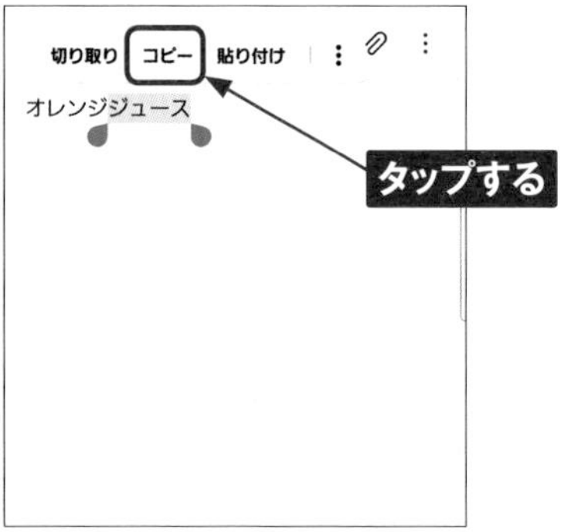

4 テキストがクリップボードにコピーされます。

コピーしたテキストをペーストする

1 テキストをペースト（貼り付け）したい位置をタップします。

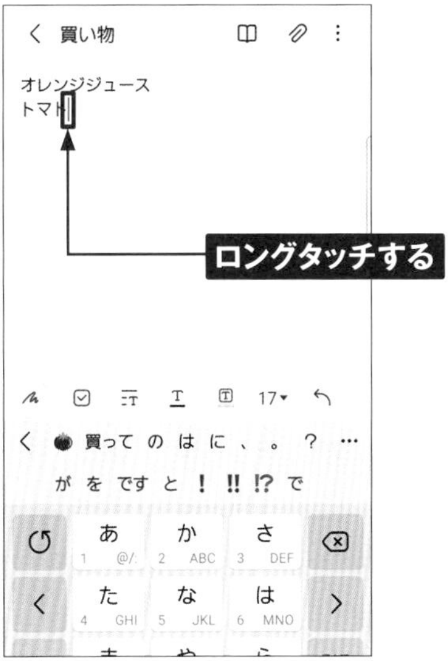

2 ●をタップして、＜貼り付け＞をタップします。

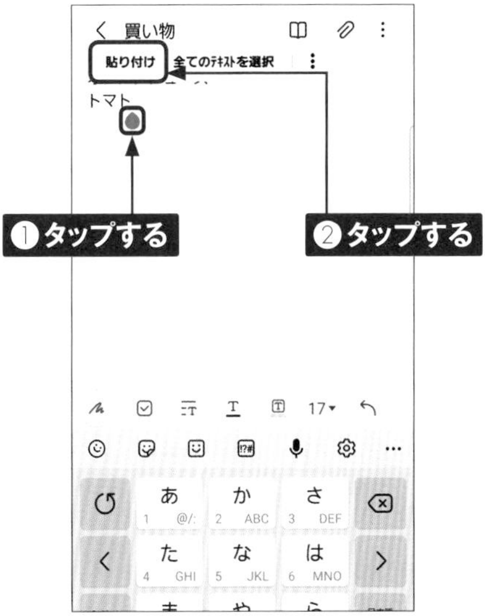

3 コピーしたテキストがペーストされます。

MEMO

クリップボードからコピーする

コピーしたテキストや、画面キャプチャはクリップボードに保存されます。手順**2**の画面で⋮→＜クリップボード＞をタップすると、クリップボードから以前にコピーしたテキストなどを呼び出してペースト（貼り付け）することができます。

Section 08

Wi-Fiに接続する

Wi-Fi環境があれば、モバイルネットワーク回線を使わなくてもインターネットに接続できます。Wi-Fiを利用することで、より快適にインターネットが楽しめます。

Wi-Fiに接続する

1 ステータスバーを下方向にスクロールして通知パネルを表示し、をロングタッチします。Wi-Fiがオンであれば、手順3の画面が表示されます。

2 この画面が表示されたら、<OFF>をタップして、Wi-Fi機能をオンにします。なお、手順1の画面でをタップしても、オン／オフの切り替えができます。

3 接続したいWi-FiのSSID（ネットワーク名）をタップします。

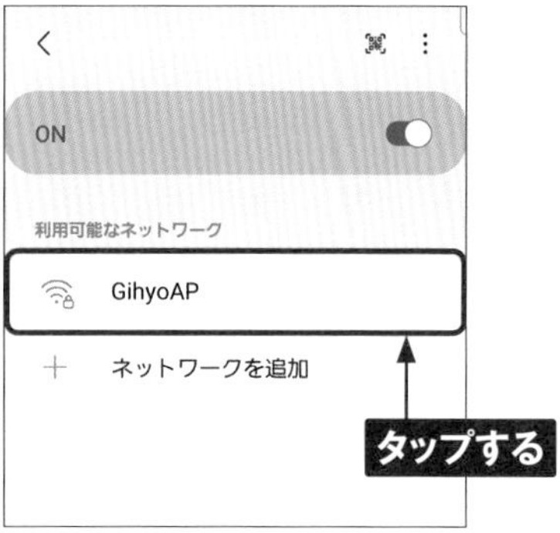

4 事前に確認したパスワードを入力し、<接続>をタップすると、Wi-Fiに接続できます。

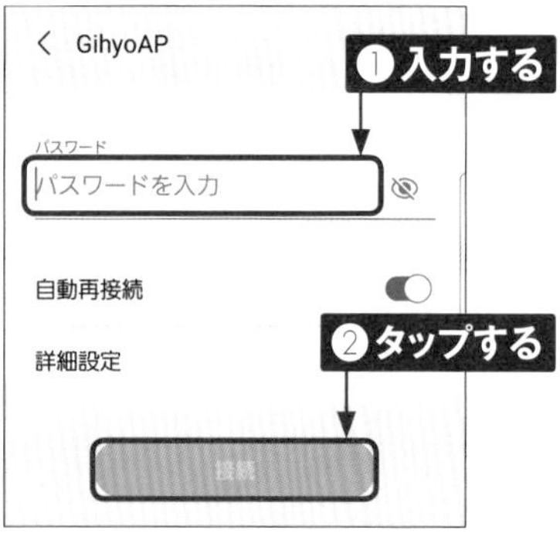

Wi-Fiを追加する

1 初めて接続するWi-Fiの場合は、P.24手順3の画面で<ネットワークを追加>をタップします。

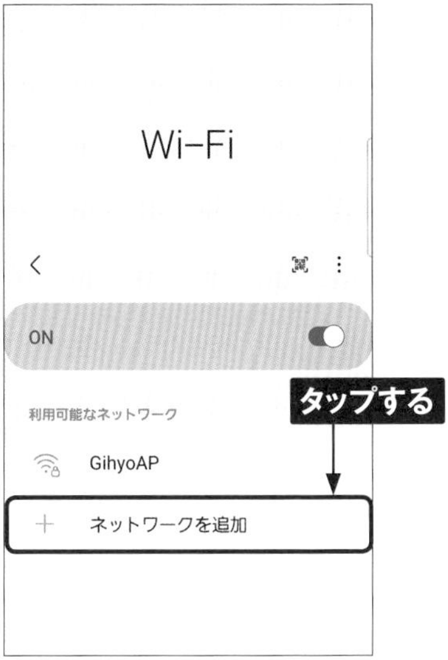

2 SSID（ネットワーク名）を入力し、［セキュリティ］の下の<なし>をタップします。

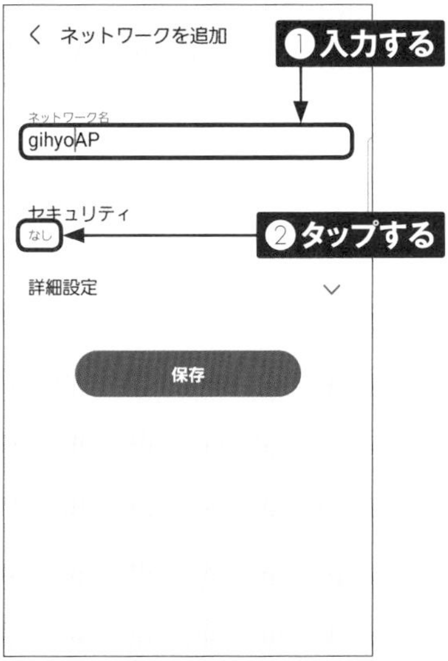

3 セキュリティ設定をタップして選択します。

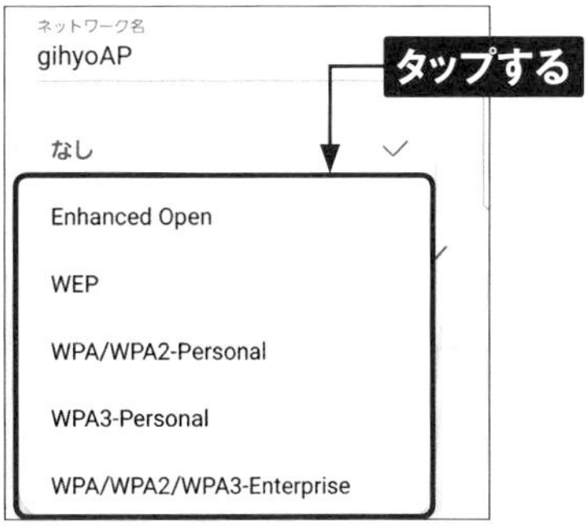

4 パスワードを入力して<保存>をタップすると、Wi-Fiに接続できます。

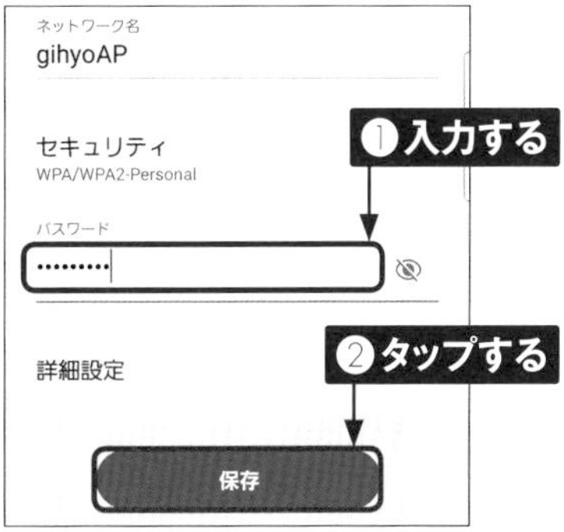

MEMO

MACアドレスを固定する

標準ではセキュリティを高めるため、Wi-Fi MACアドレスがアクセスポイントごとに個別に割り振られます。これを本体のMACアドレスに固定したい場合は、手順2の画面で<詳細設定>→<MACアドレスタイプ>をタップして、<端末のMAC>をタップします。

Section 09

Bluetooth機器を利用する

S21/S21 UltraはBluetoothとNFCに対応しています。ヘッドセットやキーボードなどのBluetoothやNFCに対応している機器と接続すると、S21/S21 Ultraを便利に活用できます。

Bluetooth機器とペアリングする

1 ［設定］画面を開いて（P.28手順1参照）、＜接続＞をタップします。

2 ＜Bluetooth＞をタップします。

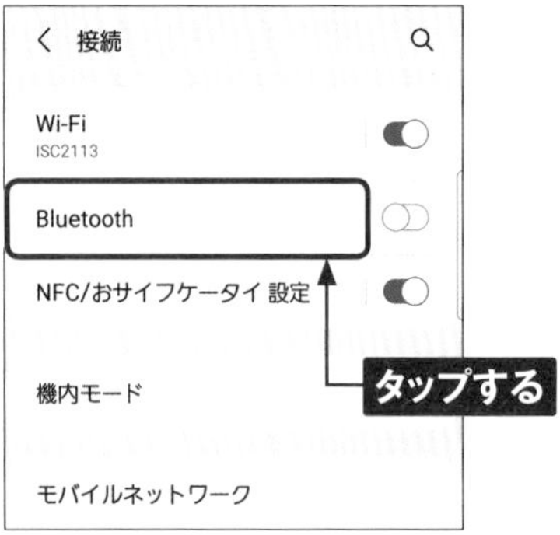

3 Bluetooth機能がオフになっている場合、この画面が表示されるので、＜OFF＞をタップします。

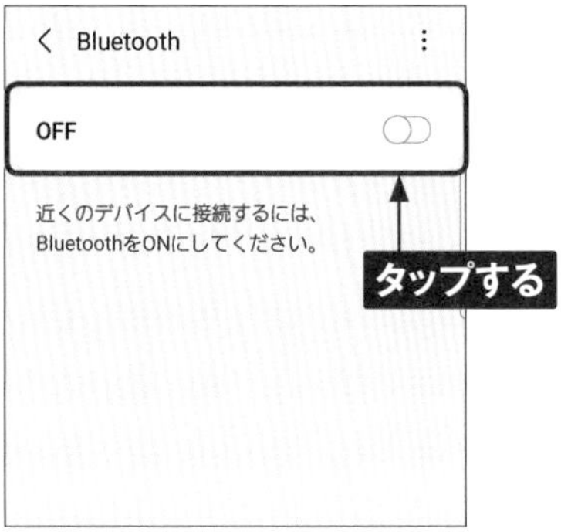

4 周辺のペアリング可能な機器が自動的に検索されて、表示されます。検索結果に表示されない場合は、＜スキャン＞をタップします。

5 ペアリングする機器の名前をタップします。

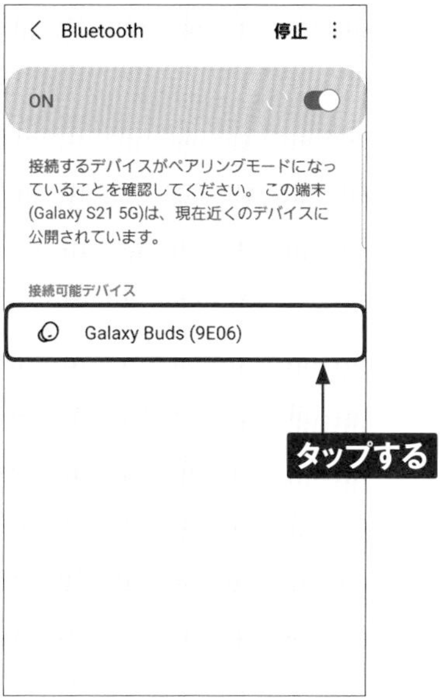

6 確認画面で＜OK＞をタップします。

7 機器との接続が完了し、＜ペアリング済みデバイス＞に機器の名前が表示されます。接続を切る場合や、再度接続する場合は機器の名前をタップします。

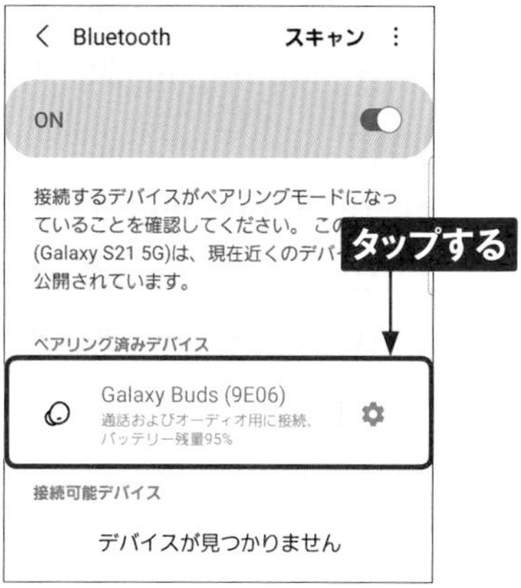

MEMO

NFC対応のBluetooth機器を利用する

S21/S21 Ultraに搭載されているNFC（近距離無線通信）機能を利用すれば、NFCに対応したBluetooth機器とのペアリングがかんたんにできるようになります。NFC機能をオンにして（標準でオン）S21/S21 Ultraの背面にあるNFC部分と、対応機器のNFCマークを近づけると、ペアリングの確認画面が表示されるので、＜はい＞などをタップすれば完了です。あとは、S21/S21 Ultraを対応機器に近づけるだけで、接続／切断とBluetooth機能のオン／オフを自動で行ってくれます。なお、NFC機能を使ってペアリングする場合は、Bluetooth機能をオンにする必要はありません。

Section 10

Googleアカウントを設定する

Googleアカウントを登録すると、Googleが提供するサービスが利用できます。なお、初期設定で登録済みの場合は、必要ありません。取得済みのGoogleアカウントを利用することもできます。

Googleアカウントを設定する

1 通知パネルを表示して（P.15参照）、✿をタップします。

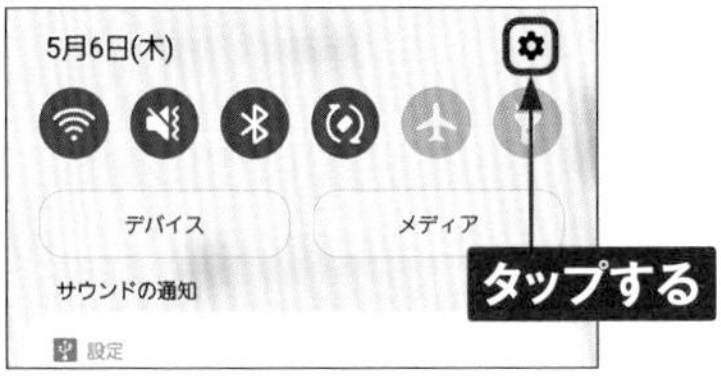

2 ［設定］画面が表示されるので、＜アカウントとバックアップ＞をタップします。

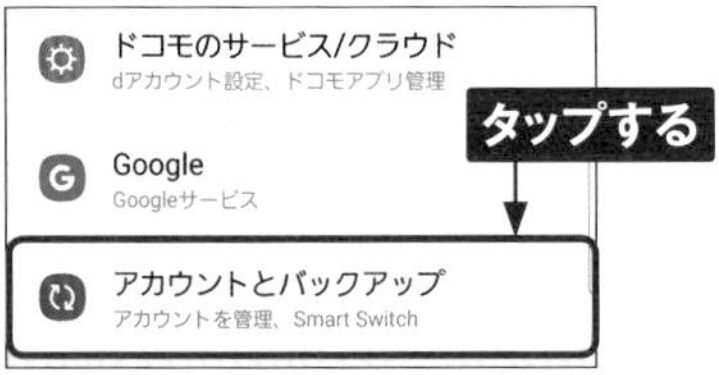

3 ＜アカウントを管理＞をタップします。

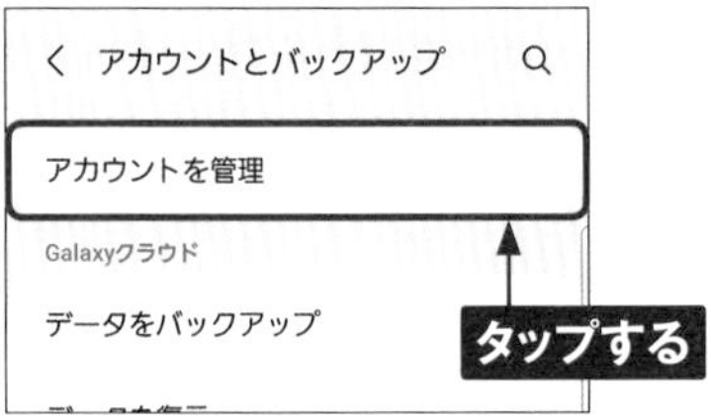

4 ＜アカウント追加＞をタップします。ここに「Google」が表示されていれば、既にGoogleアカウントを設定済みです（P.29手順**7**参照）。

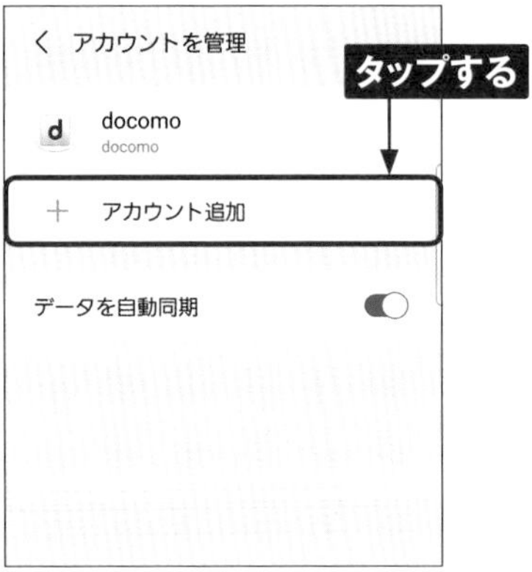

MEMO

Googleアカウントとは

Googleアカウントを取得すると、Playストアからのアプリのインストールや Gmailなど Googleが提供する各種サービスを利用することができます。アカウントは、メールアドレスとパスワードを登録するだけで作成できます。

5 ＜Google＞をタップします。

6 新規にアカウントを取得する場合は、＜アカウントを作成＞→＜自分用＞をタップして、画面の指示に従って進めます。

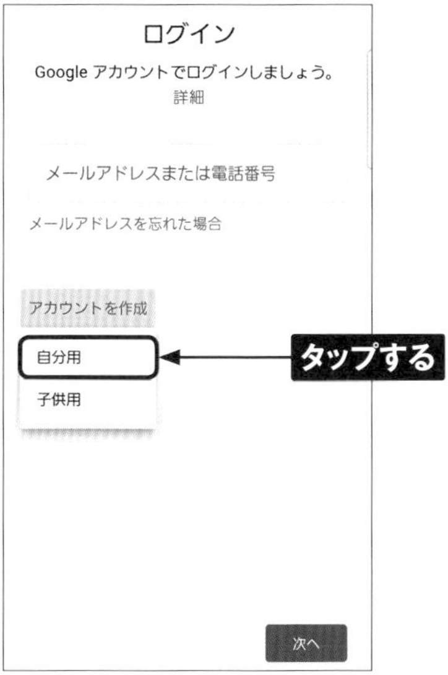

7 アカウントの登録が終了すると、P.28手順4の画面に戻ります。追加された＜Google＞をタップし、次の画面で＜アカウントを同期＞をタップします。

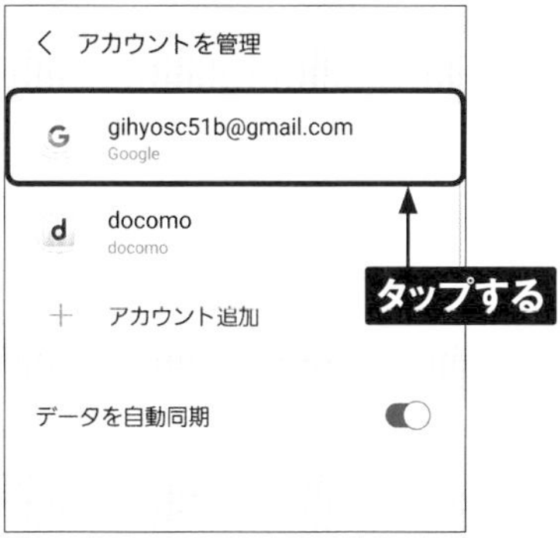

8 同期するサービス一覧が表示されます。タップすると、同期のオン／オフを切り替えることができます。

MEMO

既存のアカウントを利用する

取得済みのGoogleアカウントがある場合は、手順6の画面でメールアドレスを入力して、＜次へ＞をタップします。次の画面でパスワードを入力して操作を進めると、手順7の画面が表示されます。

Application

Section 11

ドコモのID・パスワードを設定する

S21/S21 Ultraにdアカウントを設定すると、NTTドコモが提供するさまざまなサービスをインターネット経由で利用できるようになります。また、あわせてspモードパスワードの変更も済ませておきましょう。

dアカウントとは

「dアカウント」とは、NTTドコモが提供しているさまざまなサービスを利用するためのIDです。dアカウントを作成し、S21/S21 Ultraに設定することで、Wi-Fi経由で「dマーケット」などのドコモの各種サービスを利用できるようになります。

なお、ドコモのサービスを利用しようとすると、いくつかのパスワードを求められる場合があります。このうちspモードパスワードは「お客様サポート」（My docomo）で変更やリセットができますが、「ネットワーク暗証番号」はインターネット上で再発行できません（P.34手順2の画面で変更は可能）。番号を忘れないように気を付けましょう。さらに、spモードパスワードを初期値（0000）のまま使っていると、変更をうながす画面が表示されることがあります。その場合は、画面の指示に従ってパスワードを変更しましょう。

なお、ドコモショップなどですでに設定を行っている場合、ここでの設定は必要ありません。また、以前使っていた機種でdアカウントを作成・登録済みで、機種変更でS21/S21 Ultraを購入した場合は、自動的にdアカウントが設定されます。

ドコモのサービスで利用するID／パスワード	
ネットワーク暗証番号	「My docomo」や、各種電話サービスを利用する際に必要です（Sec.35参照）。
dアカウント／パスワード	Wi-Fi接続時やパソコンのWebブラウザ経由で、ドコモのサービスを利用する際に必要です。
spモードパスワード	ドコモメールの設定、spモードコンテンツ決済サービスの利用に必要です。初期値は「0000」ですが、変更が必要です（P.34参照）。

MEMO

dアカウントとパスワードは Wi-Fi経由でドコモのサービスを使うときに必要

4Gや5G回線を利用しているときは不要ですが、Wi-Fi経由でドコモのサービスを利用する際は、dアカウントとパスワードを入力する必要があります。

dアカウントを新規作成する

1 P.28手順**1**を参考に［設定］画面を表示して、<ドコモのサービス／クラウド>をタップします。

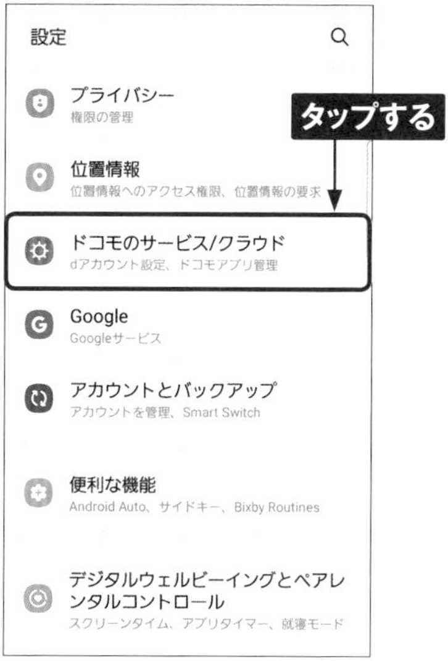

2 <dアカウント設定>をタップします。次の画面で<利用の許可へ>→<許可>の順にタップします。

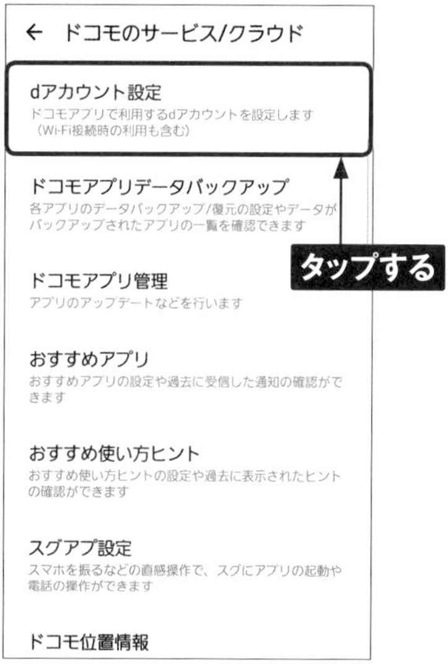

3 「dアカウント設定」画面が表示されたら、新規に作成する場合は、<新たにdアカウントを作成>をタップします。

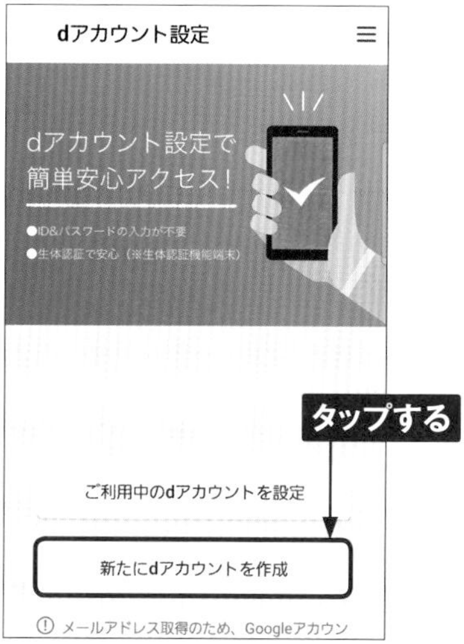

4 ネットワーク暗証番号を入力して、<OK>をタップします。

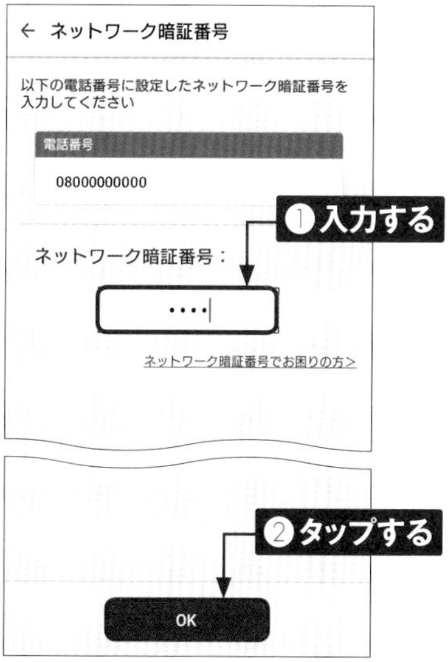

1

5 ［アカウントの選択］画面で設定内容を通知するためのアカウントを選択します。ここではSec.10で作成したGoogleアカウントをタップして、＜OK＞をタップします。

6 連絡先メールアドレスを選択します。ここでは＜Gmail＞をタップします。

7 ［ID設定］画面が表示されます。好きなIDを設定する場合は、○をタップして◉にし、ID名を入力して、＜設定する＞をタップします。

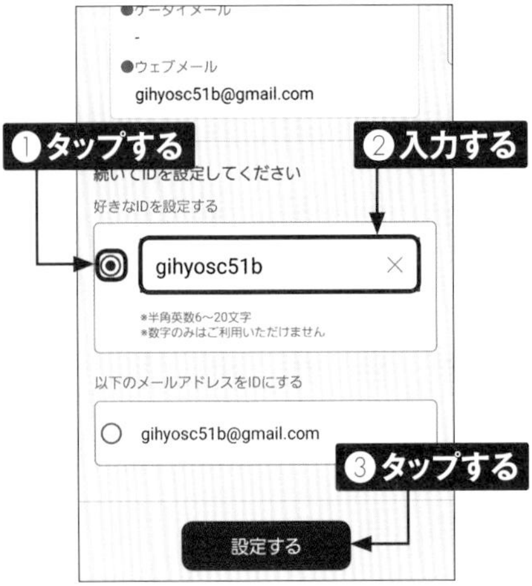

8 dアカウントで利用するパスワードを入力して、画面を上方向にスライドします。

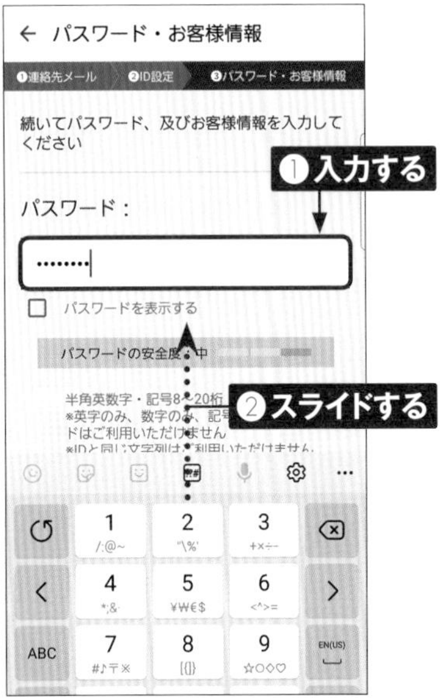

9 氏名、フリガナ、性別、生年月日を入力し、＜OK＞をタップします。

10 「ご利用規約」画面が表示されたら、内容を確認して、＜同意する＞をタップします。

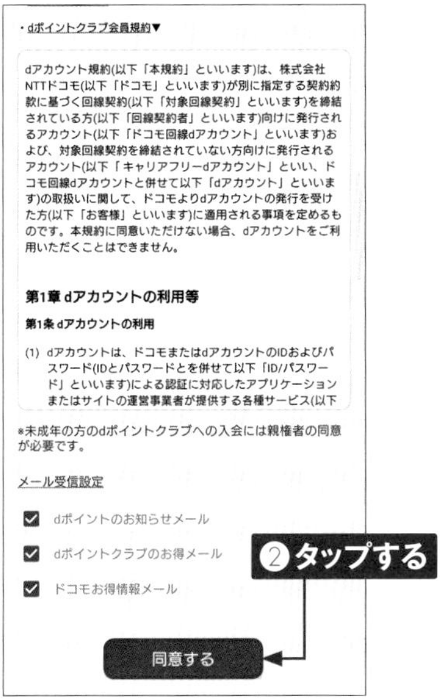

11 dアカウントの作成が完了しました。生体認証の設定は、ここでは＜設定しない＞をタップして、＜OK＞をタップします。

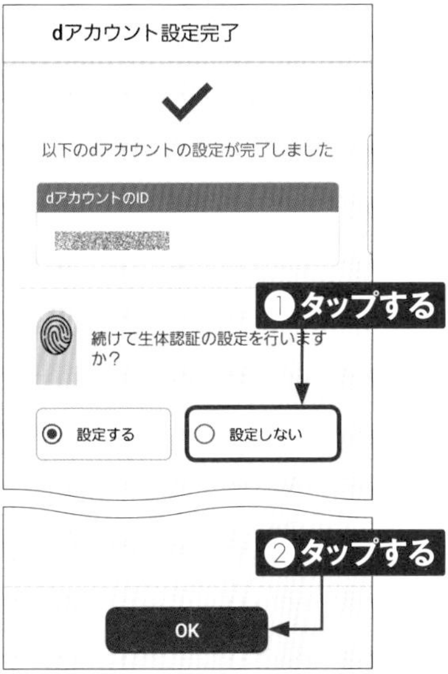

12 「アプリ一括インストール」画面が表示されたら、＜後で自動インストール＞をタップして、＜進む＞をタップします。

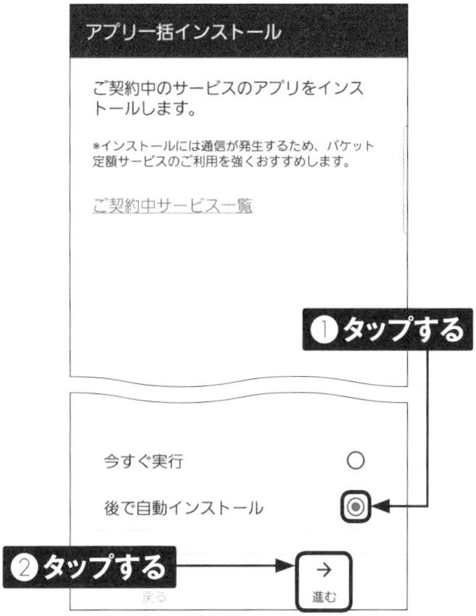

13 dアカウントの設定が完了します。

1

spモードパスワードを変更する

1 ホーム画面で<dメニュー>をタップし、<My docomo>→<設定>の順にタップします。

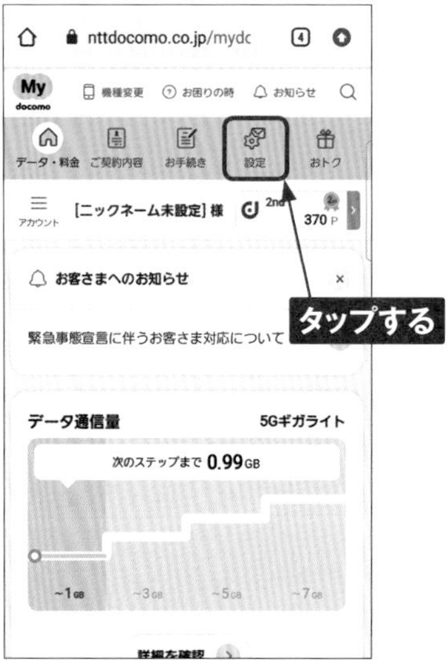

2 画面を上方向にスライドし、<spモードパスワード>→<変更する>の順にタップします。dアカウントへのログインが求められたら画面の指示に従ってログインします。

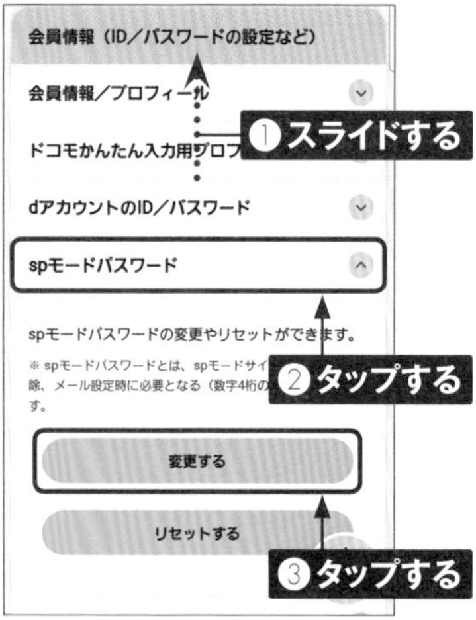

3 ネットワーク暗証番号を入力し、<認証する>をタップします。パスワードの保存画面が表示されたら、<使用しない>をタップします。

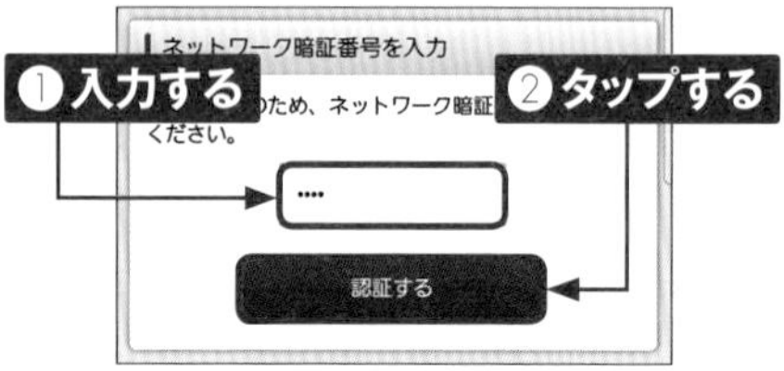

4 現在のspモードパスワード（初期値は「0000」）と新しいパスワード（不規則な数字4文字）を入力します。<設定を確定する>をタップします。

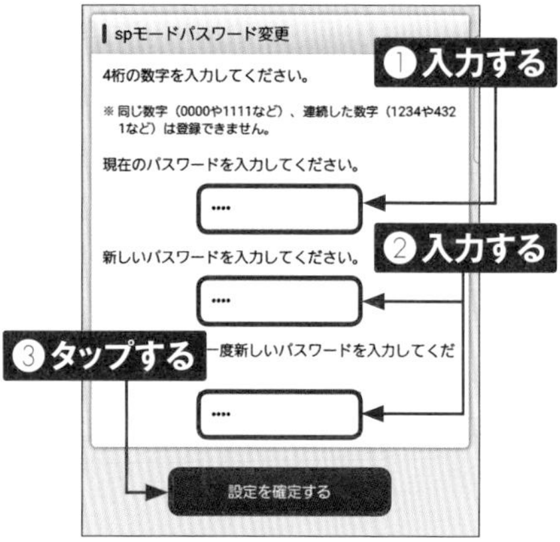

MEMO

spモードパスワードのリセット

spモードパスワードがわからなくなったときは、手順2の画面で<リセットする>をタップし、画面の指示に従って暗証番号などを入力して手続きを行うと、初期値の「0000」にリセットできます。

Chapter 2

電話機能を使う

Section 12 電話をかける／受ける

電話操作は発信も着信も非常にシンプルです。発信時はホーム画面のアイコンから簡単に電話を発信でき、着信時はドラッグ操作で通話を開始できます。

電話をかける

1 ホーム画面でをタップします。

2 ［キーパッド］画面が表示されていないときは、＜キーパッド＞をタップします。

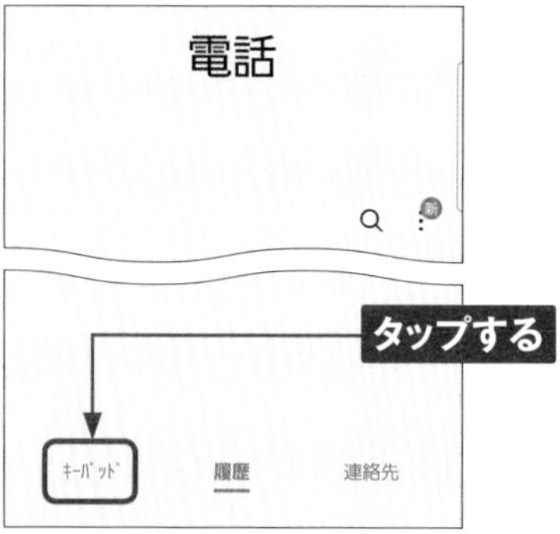

3 キーをタップして宛先の電話番号を入力し、をタップすると電話が発信されます。

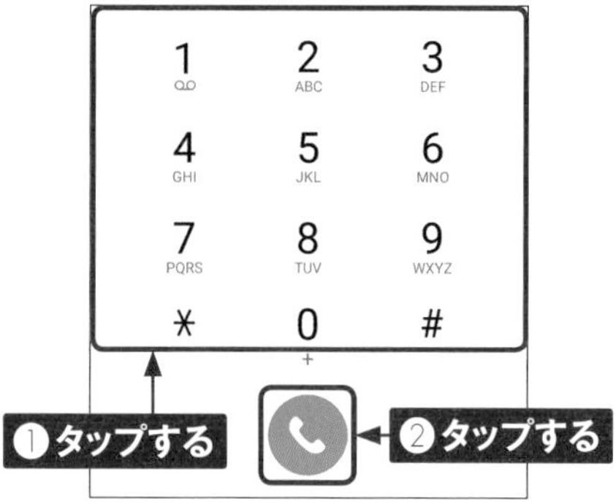

4 相手が応答すると通話開始です。をタップすると、通話が終了します。

電話を受ける

●スリープ中に電話を受ける

1 スリープ中に電話の着信があると、着信画面が表示されます。 をサークルの外までドラッグします。

2 相手との通話が開始されます。 をタップすると、通話が終了します。

●アプリ利用中に電話を受ける

1 アプリ利用中に電話の着信があると、画面上部に着信画面が表示されます。<応答>をタップします。

2 相手との通話が開始されます。 をタップすると、通話が終了します。

MEMO

着信音を止める

電話の着信中に、S21／S21 Ultraの画面を下向きに伏せたり2回振ることで、消音したり着信を拒否したりできます。P.40手順1の画面で、<スグ電設定>→<消音·拒否>の順にタップして設定します。

Section 13

通話履歴を確認する

電話をかけ直すときは、履歴画面から操作すると手間をかけずに通話できます。また、通話履歴の件数が多くなりすぎた場合、履歴を消去することも可能です。

履歴を確認する

1 ホーム画面でをタップします。

2 ［電話］画面で＜履歴＞をタップします。

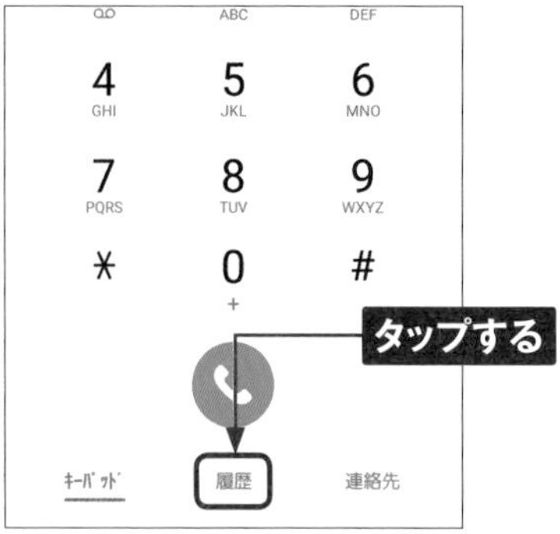

3 通話履歴が一覧表示されます。

MEMO

履歴を削除する

手順3の画面で番号をロングタッチし、＜削除＞をタップすると、履歴を削除できます。

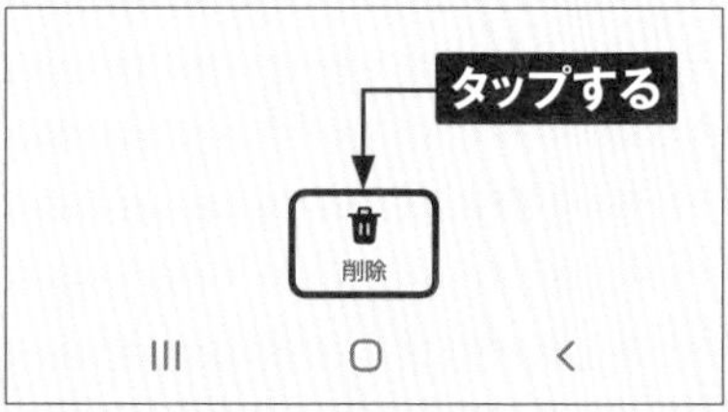

履歴から電話をかける

1 ホーム画面で をタップし、＜履歴＞をタップします。

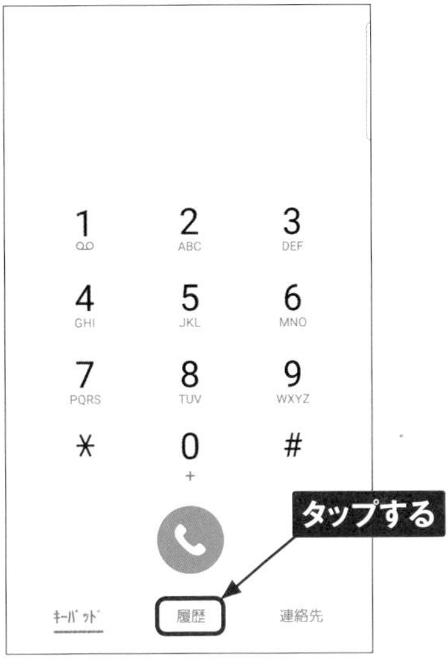

2 発信したい名前や番号を右にスライドします。

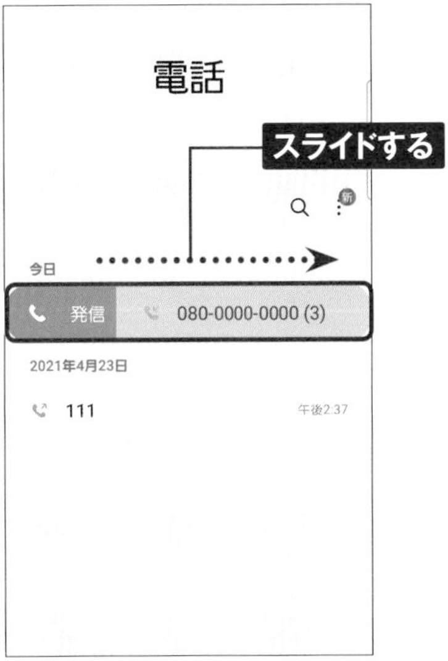

3 相手へ発信されます。

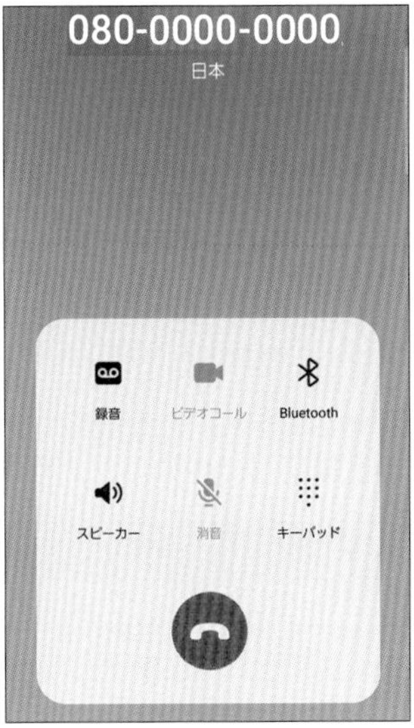

MEMO

履歴から操作する

手順**2**の画面で番号や名前をタップするとメニューが表示されます。ドコモ電話帳に登録したり（Sec.15参照）、SMSメッセージを送信したりすることができます。

Application

Section 14

着信を拒否したり通話を自動録音する

S21／S21 Ultra本体には着信拒否機能が搭載されています。また、通話を自動録音することもできます。迷惑電話やいたずら電話対策にこれらの機能を活用しましょう。

着信拒否を設定する

1 ホーム画面でをタップし、右上の⋮をタップします。<設定>→<番号指定拒否>の順にタップします。

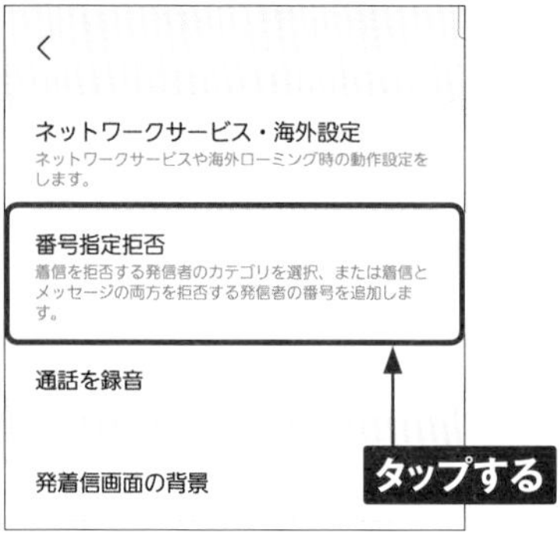

2 電話番号を手動で入力することもできますが、ここでは履歴から着信拒否を設定します。<履歴>をタップします。

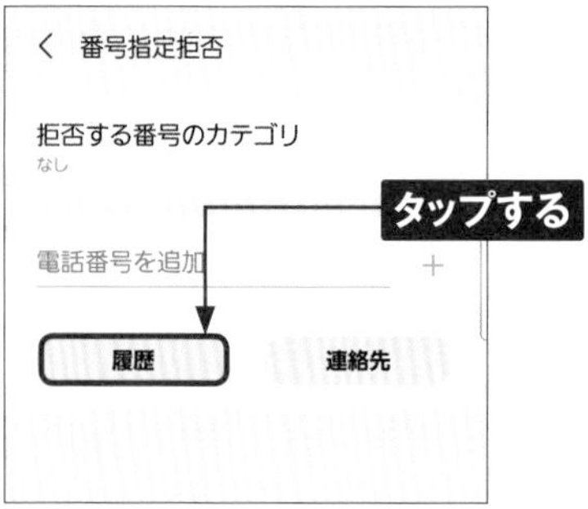

3 着信拒否に設定したい履歴をタップします。<完了>をタップします。

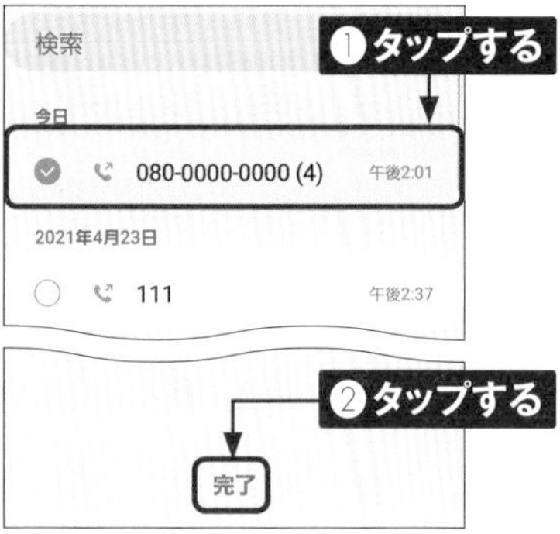

4 これで設定完了です。登録した相手が電話をかけると、電話に出られないとアナウンスが流れます。着信拒否を解除する場合は、−をタップします。

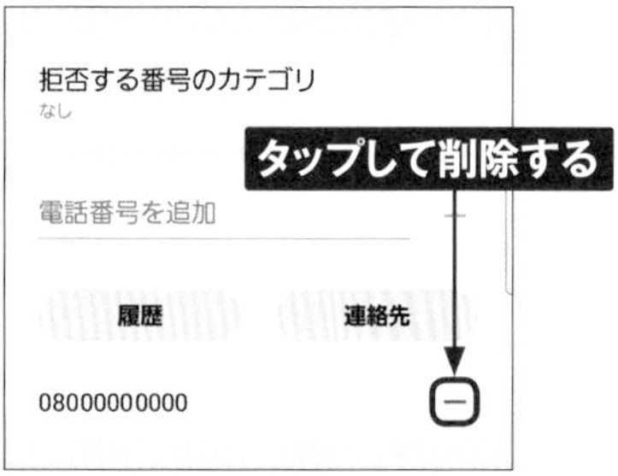

通話を自動録音する

1 P.40手順1の画面で＜通話を録音＞をタップします。

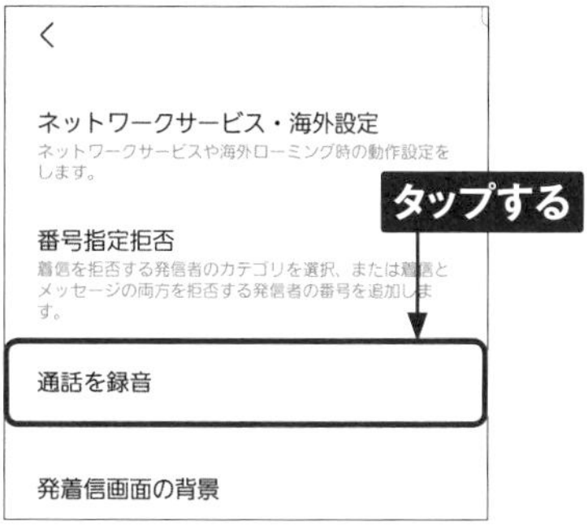

2 ＜通話の自動録音＞をタップします。

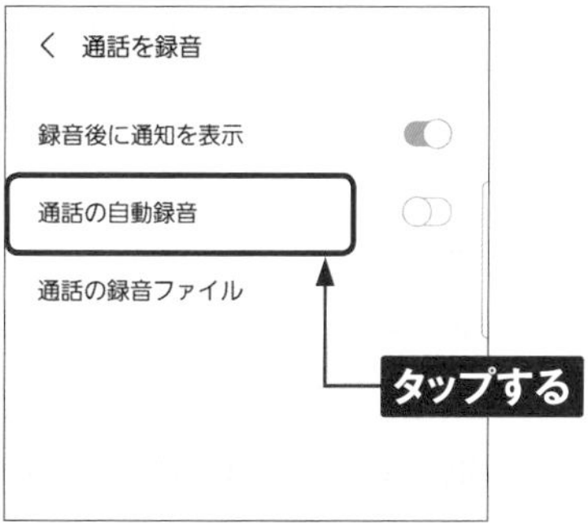

3 ＜OFF＞→＜OK＞をタップします。

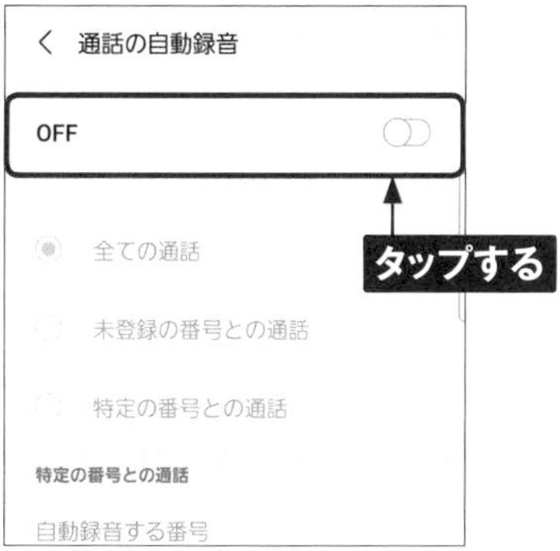

4 自動録音する番号を選択してタップすると、設定完了です。

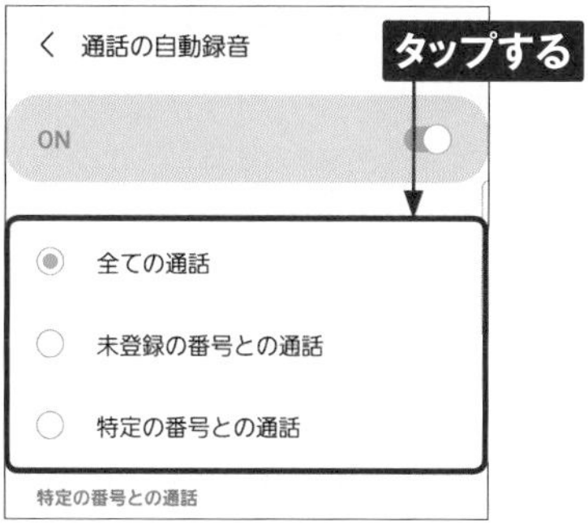

5 通話後、通知パネルに表示される＜通話の録音完了＞をタップします。

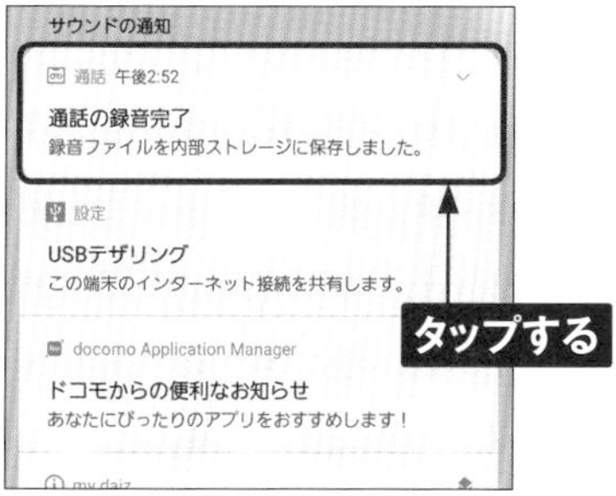

6 再生したい通話をタップすると再生されます。なお、録音ファイルは、[マイファイル]アプリなどで「Call」フォルダを開くことで、いつでも再生できます。

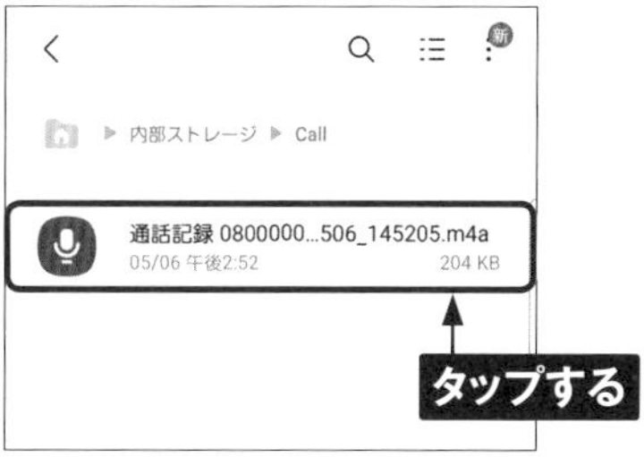

Section 15

ドコモ電話帳を利用する

電話番号やメールアドレスなどの連絡先は、［ドコモ電話帳］で管理することができます。クラウド機能を有効にすることで、電話帳データが専用のサーバーに自動で保存されるようになります。

クラウド機能を有効にする

1 ホーム画面で をタップします。

タップする
dポイント
d払い
dcard
ギャラリー
カメラ
dメニュー
dマーケ…
My doco…
Play ストア
Google

2 ［アプリ一覧］画面で、＜ドコモ電話帳＞をタップします。

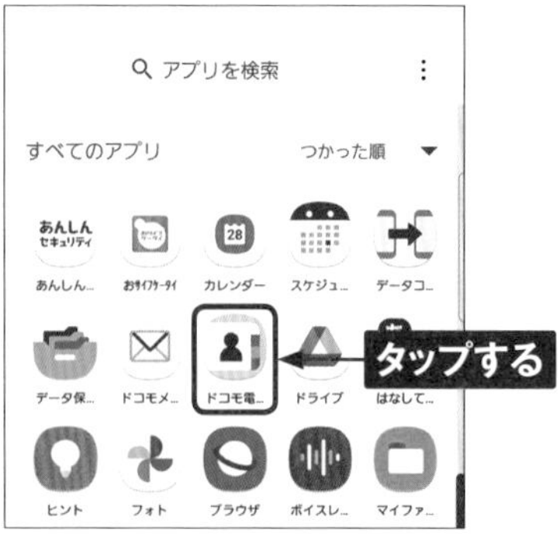
アプリを検索
すべてのアプリ
つかった順
あんしん…
カレンダー
スケジュ…
データコ…
データ保…
ドコモメ…
ドコモ電…
ドライブ
はなして…
ヒント
フォト
ブラウザ
ボイスレ…
マイファ…
タップする

3 初回起動時は［クラウド機能の利用について］画面が表示されます。

クラウド機能の利用について
使っててよかった。
大切な電話帳データをドコモのクラウドでお預かりします。
ご利用の端末で連絡先の追加・編集・削除を行うと、クラウドとすぐに同期を行います。

4 ＜注意事項＞をタップして内容を確認し、＜をタップして戻ります。

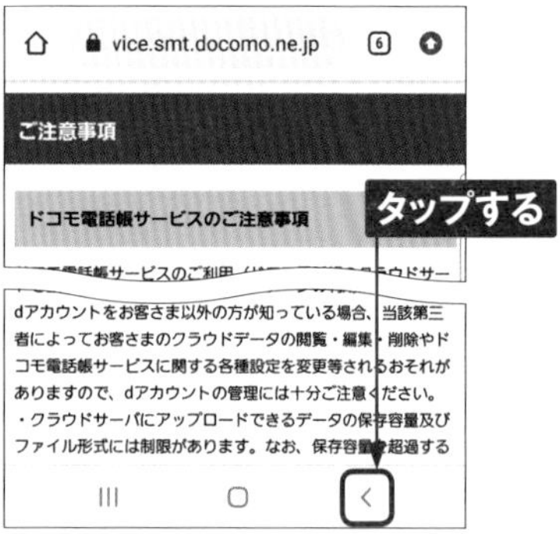
vice.smt.docomo.ne.jp
ご注意事項
ドコモ電話帳サービスのご注意事項
タップする
dアカウントをお客さま以外の方が知っている場合、当該第三者によってお客さまのクラウドデータの閲覧・編集・削除やドコモ電話帳サービスに関する各種設定を変更等されるおそれがありますので、dアカウントの管理には十分ご注意ください。
・クラウドサーバにアップロードできるデータの保存容量及びファイル形式には制限があります。

5 同様にプライバシーポリシーについても確認したら<利用する>をタップします。

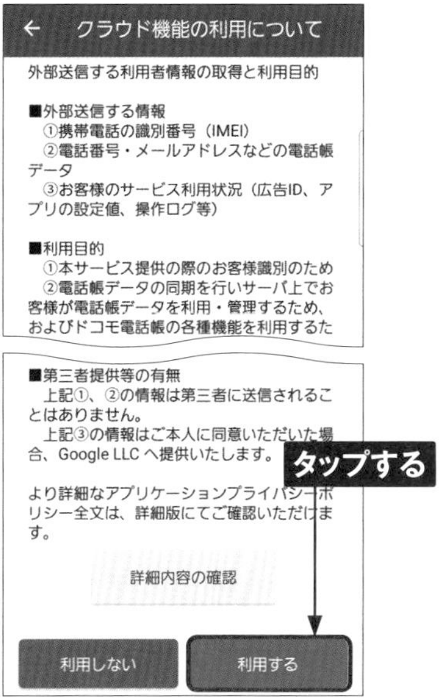
クラウド機能の利用について
外部送信する利用者情報の取得と利用目的
■外部送信する情報
①携帯電話の識別番号（IMEI）
②電話番号・メールアドレスなどの電話帳データ
③お客様のサービス利用状況（広告ID、アプリの設定値、操作ログ等）
■利用目的
①本サービス提供の際のお客様識別のため
②電話帳データの同期を行いサーバ上でお客様が電話帳データを利用・管理するため、およびドコモ電話帳の各種機能を利用するた
■第三者提供等の有無
上記①、②の情報は第三者に送信されることはありません。
上記③の情報はご本人に同意いただいた場合、Google LLC へ提供いたします。
より詳細なアプリケーションプライバシーポリシー全文は、詳細版にてご確認いただけます。
詳細内容の確認
利用しない
利用する
タップする

6 クラウドにデータが存在する場合は初回のデータ同期を選択し、<OK>をタップします。

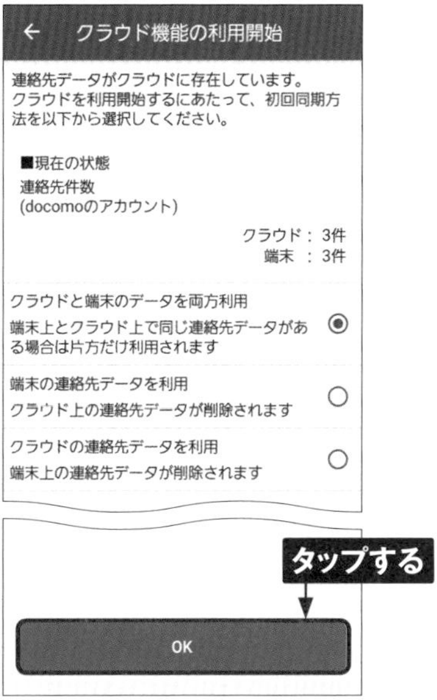
クラウド機能の利用開始
連絡先データがクラウドに存在しています。
クラウドを利用開始するにあたって、初回同期方法を以下から選択してください。
■現在の状態
連絡先件数
(docomoのアカウント)
クラウド：3件
端末 ：3件
クラウドと端末のデータを両方利用
端末上とクラウド上で同じ連絡先データがある場合は片方だけ利用されます
端末の連絡先データを利用
クラウド上の連絡先データが削除されます
クラウドの連絡先データを利用
端末上の連絡先データが削除されます
タップする
OK

7 ドコモ電話帳に戻ります。機種変更などでクラウドサーバーに保存していた連絡先がある場合は、自動的に同期されます。

すべての連絡先
連絡先リストが空です
連絡先を追加

MEMO

ドコモ電話帳のクラウド機能とは

ドコモ電話帳のクラウド機能では、電話帳データを専用のクラウドサーバー（インターネット上の保管庫）に自動保存しています。そのため、機種変更をしたときも、クラウドを利用して簡単に電話帳のデータを移行できます。そのほか、複数端末がある場合、どちらか一方の端末の回線でdアカウント設定してあれば、別の端末から登録されているdアカウントを利用することで、ドコモ電話帳アプリでクラウド上にある電話帳を閲覧／編集できる「マルチデバイス機能」も用意されています。

ドコモ電話帳に新規連絡先を登録する

1 P.42手順1～2を参考にドコモ電話帳を開き、+をタップします。

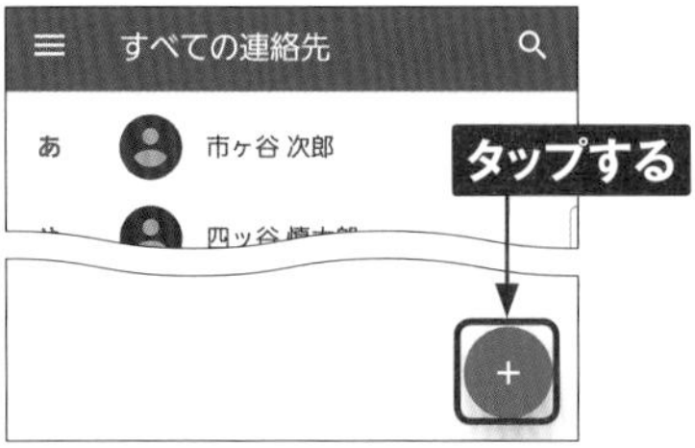

2 連絡先を保存するアカウントを選択します。ここでは＜docomo＞を選択します。

3 入力欄をタップし、ソフトウェアキーボードを表示して、［姓］と［名］の入力欄へ連絡先の情報を入力して、＜次へ＞をタップします。

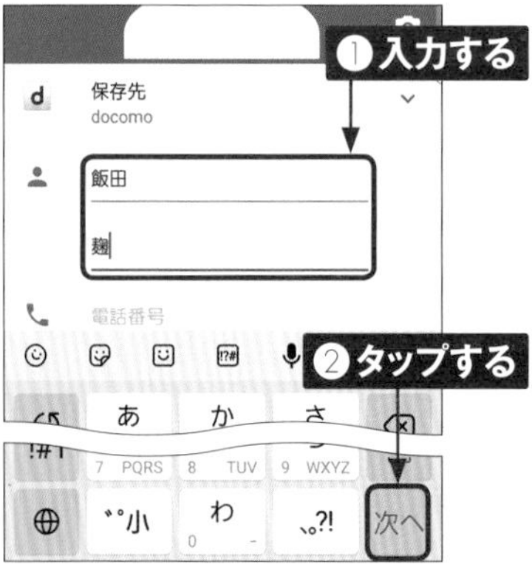

4 電話番号やメールアドレスを入力します。ふりがなを入力する場合は、＜その他の項目＞をタップします。完了したら＜保存＞をタップします。

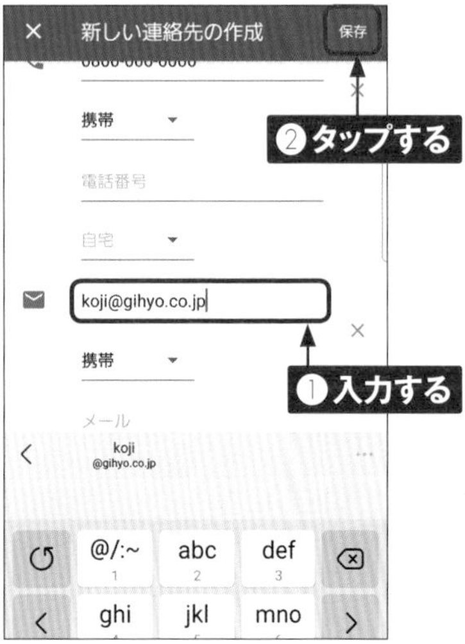

5 連絡先の情報が保存され、［ドコモ電話帳］に戻ります。

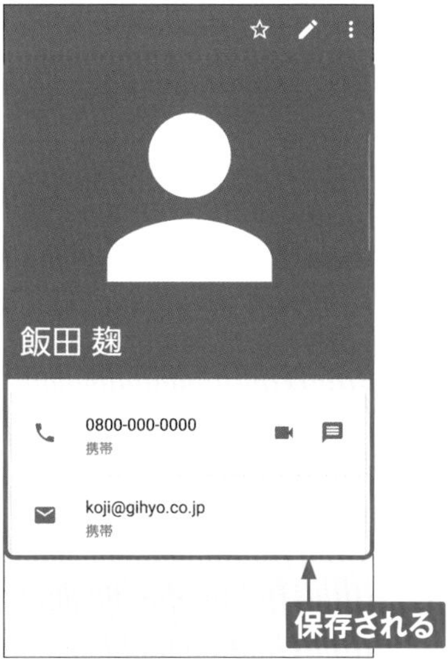

2

ドコモ電話帳に通話履歴から登録する

1 P.38を参考に［履歴］画面を表示します。連絡先に登録したい電話番号をタップします。

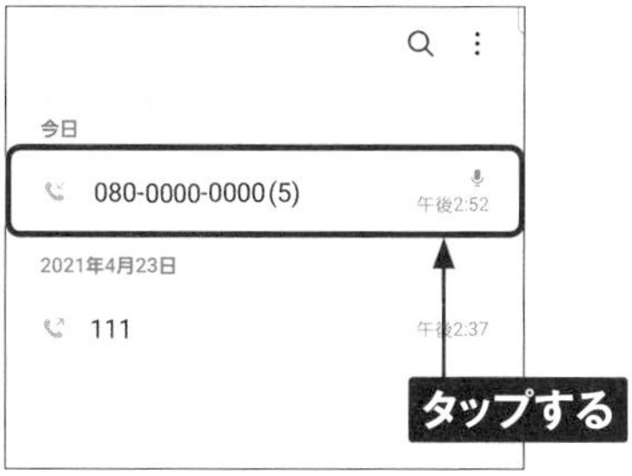

2 <連絡先に追加>をタップします。

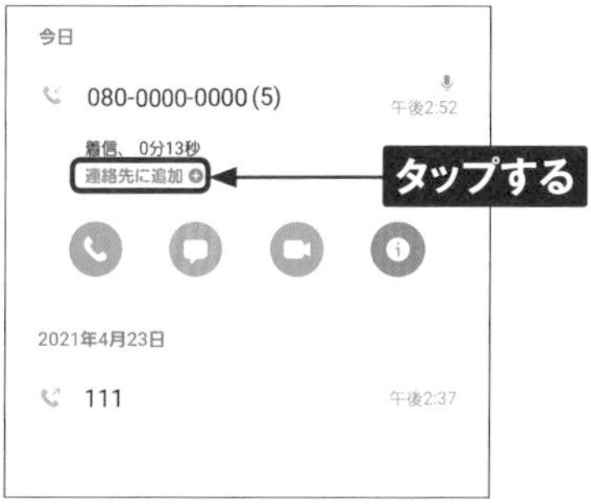

3 <連絡先を新規作成>をタップします。<既存の連絡先を更新>をタップすると、登録済みの連絡先を変更できます。

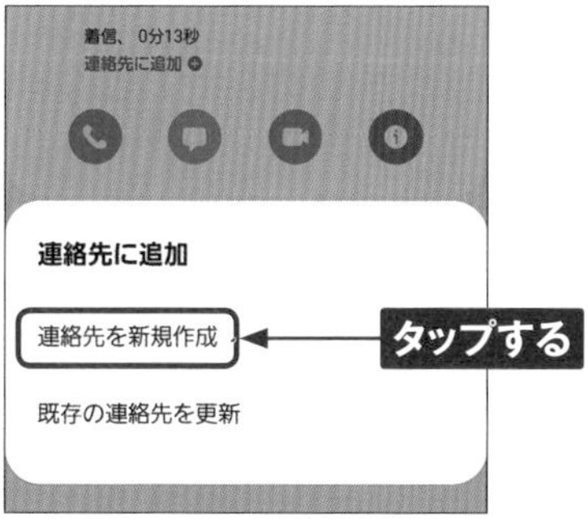

4 ［アプリケーションを選択］が表示されたら、<ドコモ電話帳>をタップで選択して<常時>をタップします。

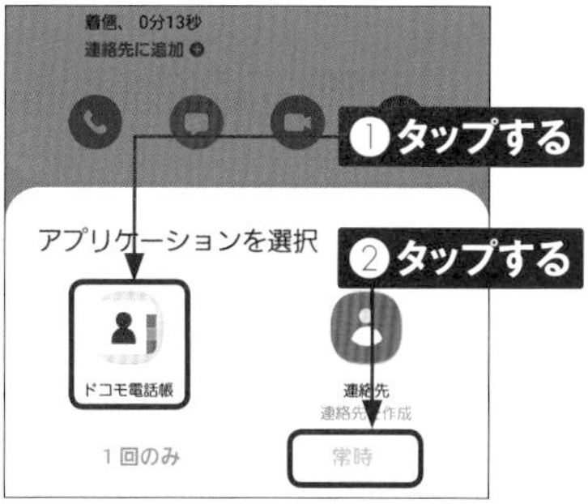

5 P.44手順3～4を参考に連絡先の情報を登録します。

6 ドコモ連絡帳のほか、通話履歴、連絡先にも登録した名前が表示されるようになります。

2

ドコモ電話帳のそのほかの機能

1 P.42手順1～2を参考に［ドコモ電話帳］画面を表示し、編集したい連絡先をタップします。

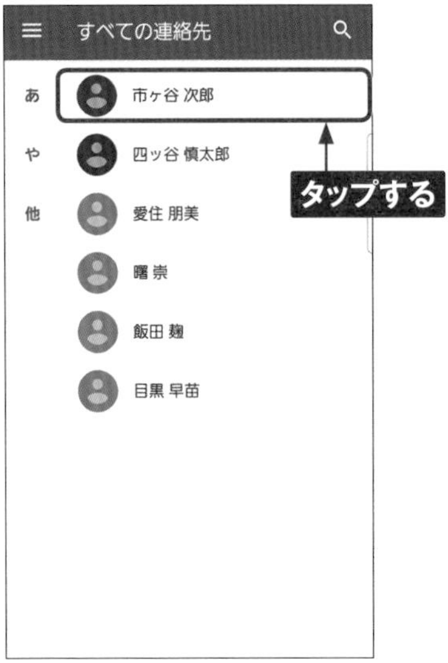

2 ✎をタップし、P.44手順3～4を参考に連絡先を編集します。

3 左記手順1～2を参考に［プロフィール］画面を表示し、番号をタップします。

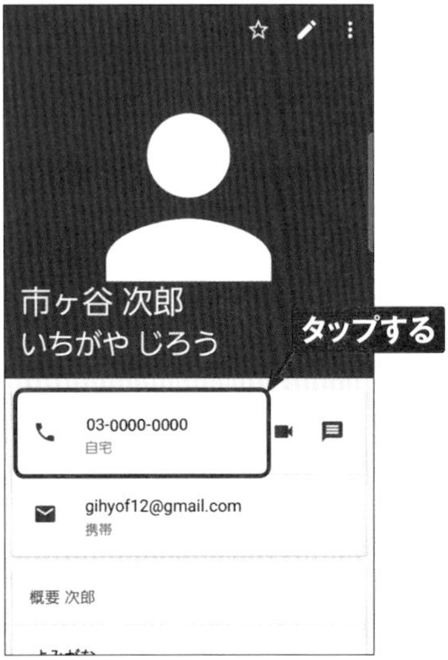

4 電話が発信されます。

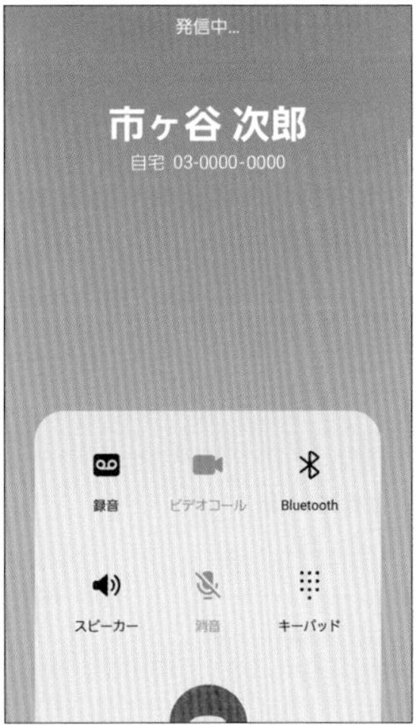

自分の情報を確認する

1 P.42手順1～2を参考に［ドコモ電話帳］画面を表示し、≡をタップします。

2 ＜設定＞→＜ユーザー情報＞をタップします。

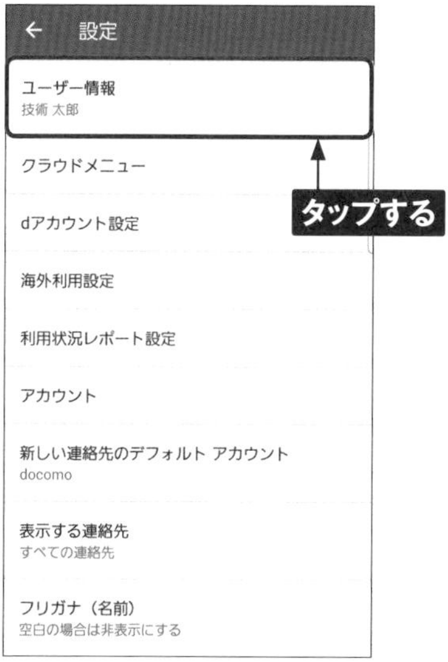

3 自分の情報が表示されて、電話番号などを確認できます。編集する場合は✎をタップします。

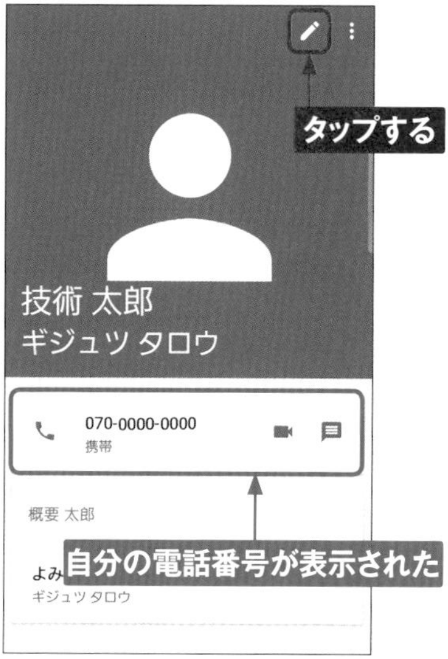

4 P.44手順3～4を参考に情報を入力し、＜保存＞をタップします。

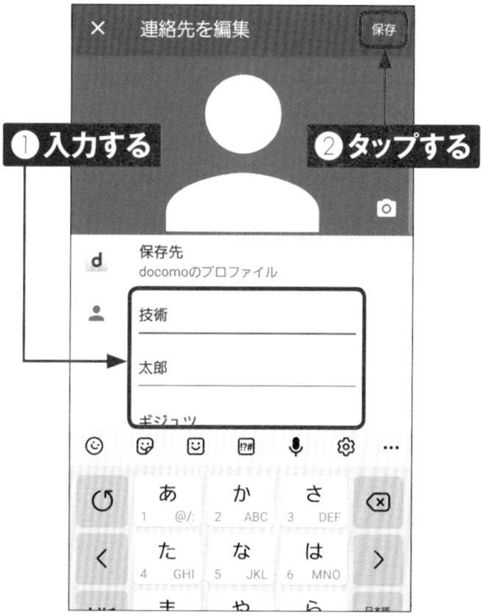

Section 16

サウンドや マナーモードを設定する

メールの通知音や電話の着信音は、［設定］アプリから変更することができます。着信した相手によって、着信音を変えることも可能です。

通知音や着信音を変更する

1 ［アプリ一覧］画面で＜設定＞をタップし、＜サウンドとバイブ＞をタップします。

2 ＜着信音＞または＜通知音＞をタップします。ここでは＜着信音＞をタップします。

3 変更したい着信音をタップすると、着信音が変更されます。

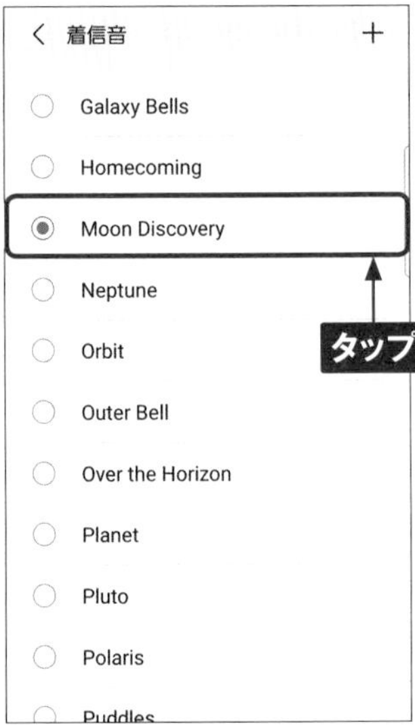

MEMO

操作音のテーマを設定する

手順**2**の画面の下部の［システムサウンド］では、タッチ操作や充電時などのシステム操作時の音のテーマを変更することができます。

音量を設定する

●［設定］画面から設定する

1 P.48手順**2**の画面で＜音量＞をタップします。

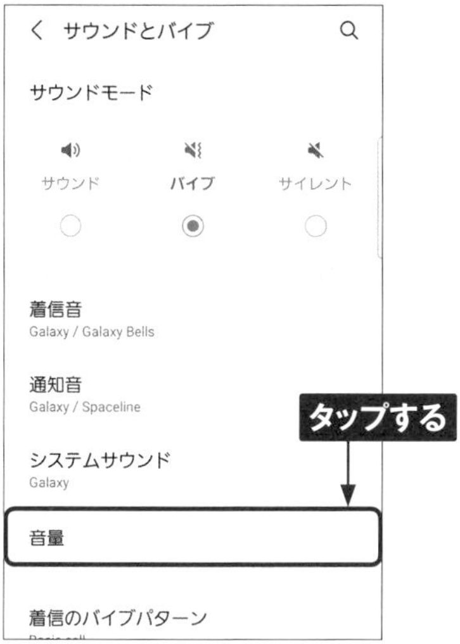

2 音量の設定画面が表示されるので、各項目のスライダーをドラッグして、音量を設定します。

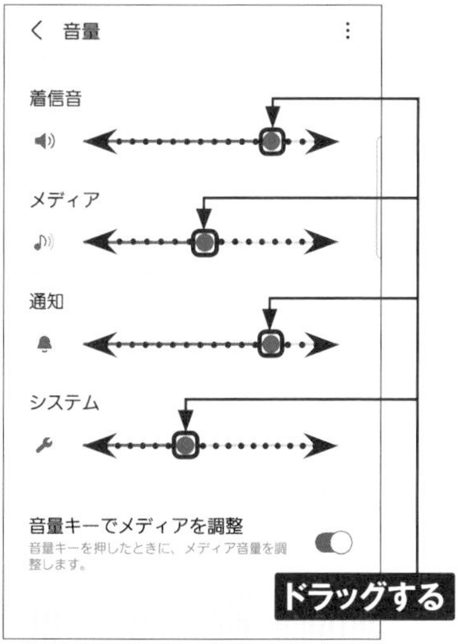

●音量キーから設定する

1 ロックを解除した状態で、音量UPキー／音量DOWNキーを押すと、着信音の音量設定画面が表示されるので、スライダーをドラッグして、音量を設定します。･･･をタップします。

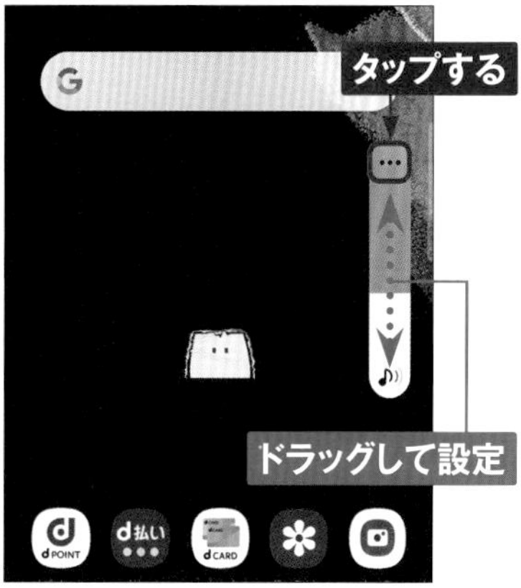

2 他の項目が表示され、ここから音量を設定することができます。

マナーモードを設定する

1 ステータスバーを下方向にスクロールします。

2 通知パネル上部のクイック設定ボタンにが表示され、着信などのときに音が鳴るサウンドモードになっています。をタップします。

3 表示がに切り替わり、バイブモードになります。をタップします。

4 表示がに切り替わり、サイレントモードになります。をタップすると、サウンドモードに戻ります。

Chapter 3

メールやインターネットを利用する

Section 17

S21/S21 Ultraで使える4種類のメール

S21/S21 Ultraでは、ドコモメール（「@docomo.ne.jp」）やSMS、＋メッセージのほか、GmaiやYahoo!、プロバイダメールなどのパソコンで使用しているメールの利用も可能です。

ドコモメール

NTTドコモの提供するメールです。「@docomo.ne.jp」のアドレスが使えます。iモードと同じアドレスが使用可能です。

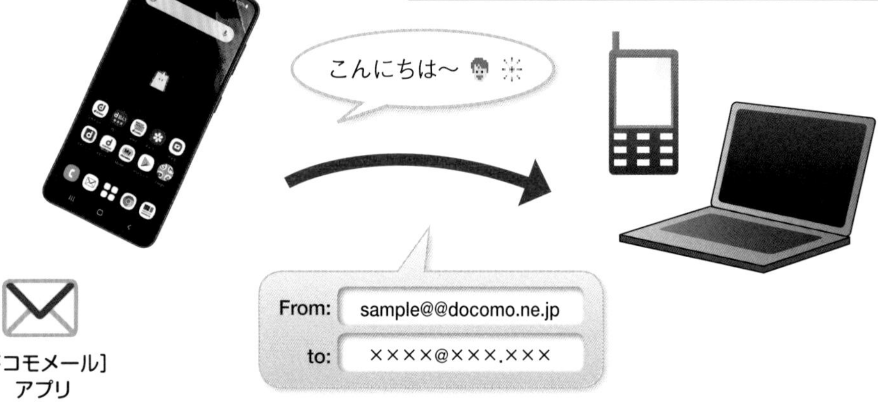

SMSと＋メッセージ

相手の携帯電話番号宛にメッセージを送信します。従来のSMSとその拡張モードの＋メッセージ（P.53MEMO参照）を利用できます。

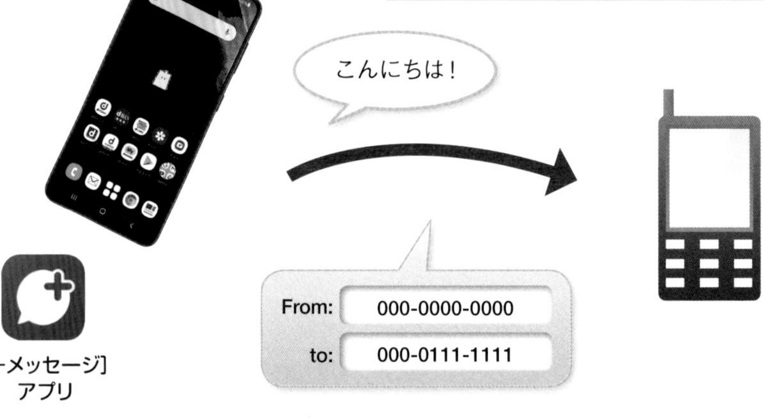

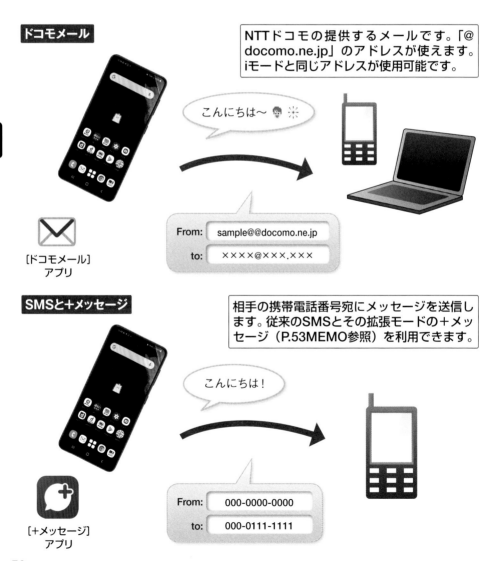

Gmail

Googleが提供するメールです。Googleアカウントを設定するだけで利用できます。

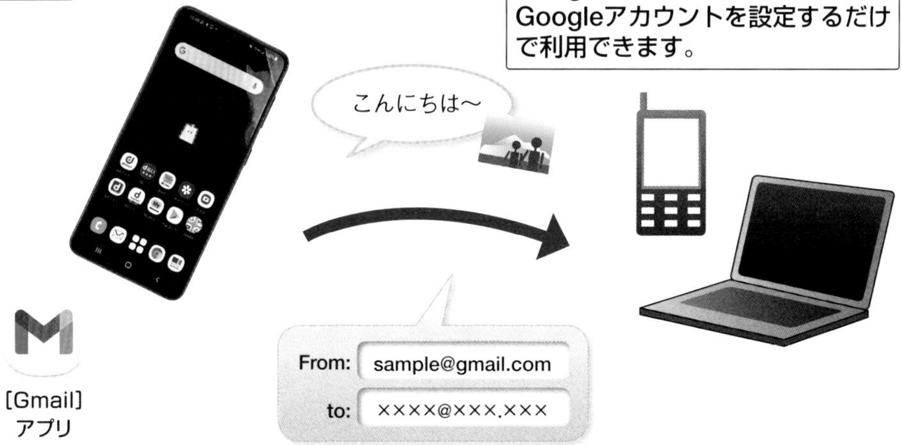

PCメール

パソコンで使用しているメールが使えます。複数のメールアカウントを登録することも可能です。

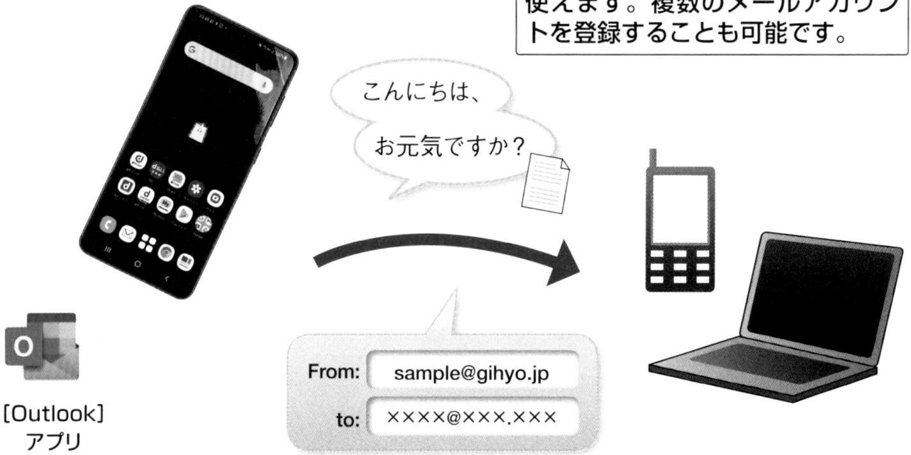

MEMO

+メッセージについて

+メッセージは、従来のSMSを拡張したものです。宛先に相手の携帯電話番号を指定するのはSMSと同じですが、文字だけしか送信できず、別途通信料がかかるSMSと異なり、パケット通信料でスタンプや写真、動画なども送ることができます。ただし、SMSは相手を問わず利用できるのに対し、+メッセージをやり取りできるのは、相手も+メッセージを利用している場合のみです。相手が+メッセージを利用していない場合は、SMSとしてテキスト文のみが送信されます。

Section 18

ドコモメールを設定する

S21/S21 Ultraでは、「ドコモメール」を利用できます。ここでは、ドコモメールの初期設定方法を解説します。なお、ドコモショップなどで、すでに設定を行っている場合は、この操作は必要ありません。

[ドコモメール] アプリをアップデートする

1 ホーム画面で✉をタップします。

2 ドコモメールのアプリ情報が表示されるので、<アップデート>をタップします。

3 アップデートが完了したら、<アプリ起動>をタップします。

4 許可についての説明が表示されたら<次へ>をタップし、それぞれの画面で<許可>をタップします。

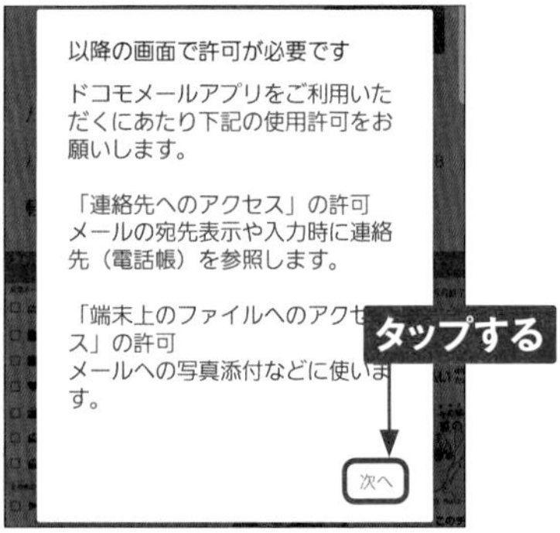

5 ドコモメールが起動します。使用許諾契約書が表示されたら、＜使用許諾の内容に同意する＞にチェックを付け、＜利用開始＞をタップします。

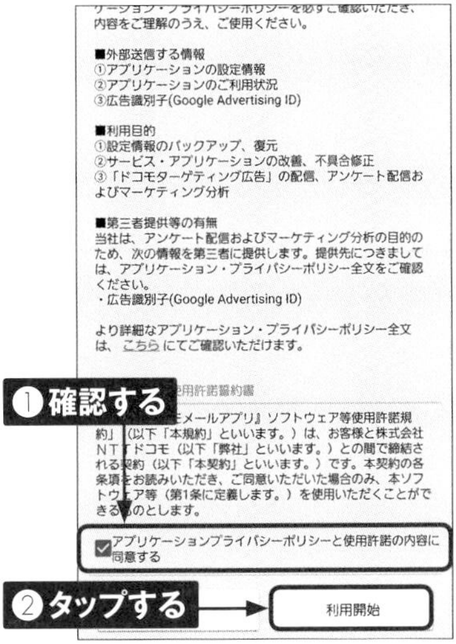
内容をご理解のうえ、ご使用ください。
■外部送信する情報
①アプリケーションの設定情報
②アプリケーションのご利用状況
③広告識別子(Google Advertising ID)
■利用目的
①設定情報のバックアップ、復元
②サービス・アプリケーションの改善、不具合修正
③「ドコモターゲティング広告」の配信、アンケート配信およびマーケティング分析
■第三者提供等の有無
当社は、アンケート配信およびマーケティング分析の目的のため、次の情報を第三者に提供します。提供先につきましては、アプリケーション・プライバシーポリシー全文をご確認ください。
・広告識別子(Google Advertising ID)
より詳細なアプリケーション・プライバシーポリシー全文は、こちらにてご確認いただけます。
❶確認する
アプリケーションプライバシーポリシーと使用許諾の内容に同意する
❷タップする
利用開始

6 ［ドコモメールアプリ更新情報］が表示されたら、＜閉じる＞をタップします。

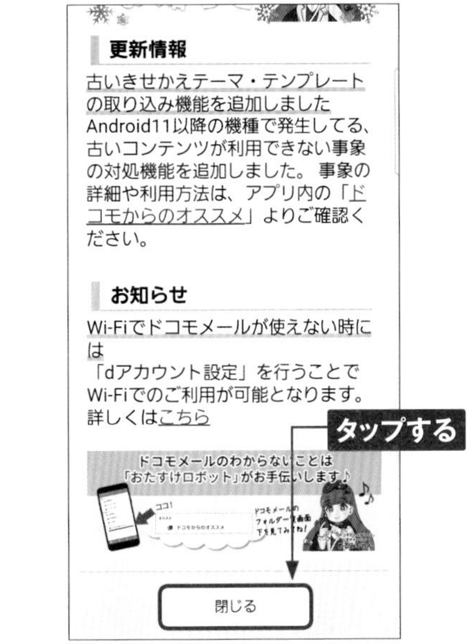
更新情報
古いきせかえテーマ・テンプレートの取り込み機能を追加しました
Android11以降の機種で発生してる、古いコンテンツが利用できない事象の対処機能を追加しました。事象の詳細や利用方法は、アプリ内の「ドコモからのオススメ」よりご確認ください。
お知らせ
Wi-Fiでドコモメールが使えない時には
「dアカウント設定」を行うことでWi-Fiでのご利用が可能となります。
詳しくはこちら
タップする
閉じる

7 ［文字サイズ設定］が表示されます。本文と一覧の文字サイズをそれぞれ選択して、＜OK＞をタップします。

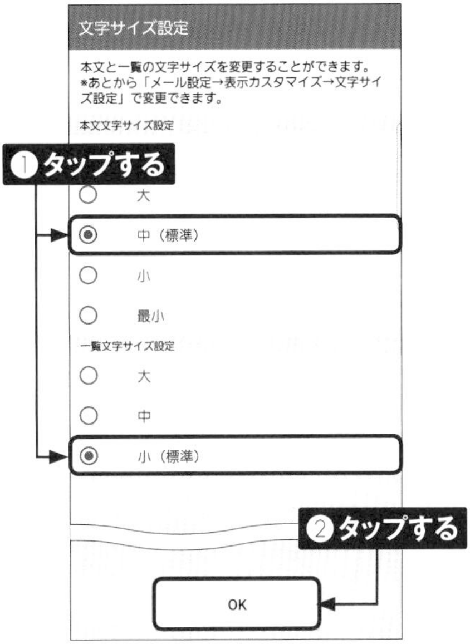
文字サイズ設定
本文と一覧の文字サイズを変更することができます。
※あとから「メール設定→表示カスタマイズ→文字サイズ設定」で変更できます。
本文文字サイズ設定
❶タップする
大
中（標準）
小
最小
一覧文字サイズ設定
大
中
小（標準）
❷タップする
OK

8 ドコモメールの［フォルダ一覧］画面が表示されます。次回からはホーム画面で＜ドコモメール＞をタップするだけで起動します。

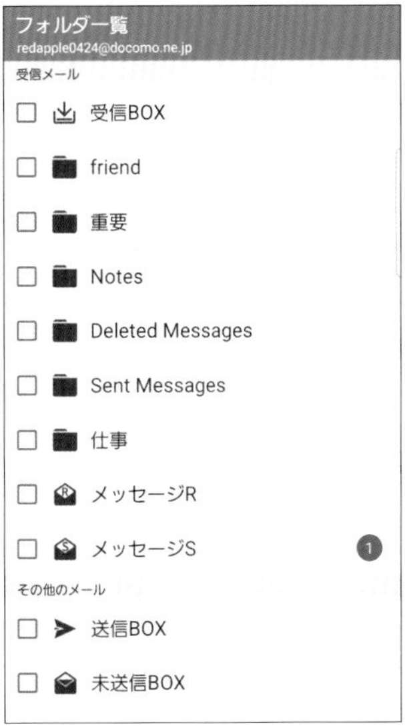
フォルダ一覧
redapple0424@docomo.ne.jp
受信メール
受信BOX
friend
重要
Notes
Deleted Messages
Sent Messages
仕事
メッセージR
メッセージS
1
その他のメール
送信BOX
未送信BOX

Section 19

ドコモメールのアドレスを変更する

NTTドコモの回線を契約した当初は、ドコモメールのアドレスとしてランダムな文字列が設定されています。自分や知り合いが覚えやすいアドレスに変更しましょう。

メールアドレスを変更する

1 P.54手順1を参考に［ドコモメール］を起動し、＜その他＞をタップして＜メール設定＞をタップします。

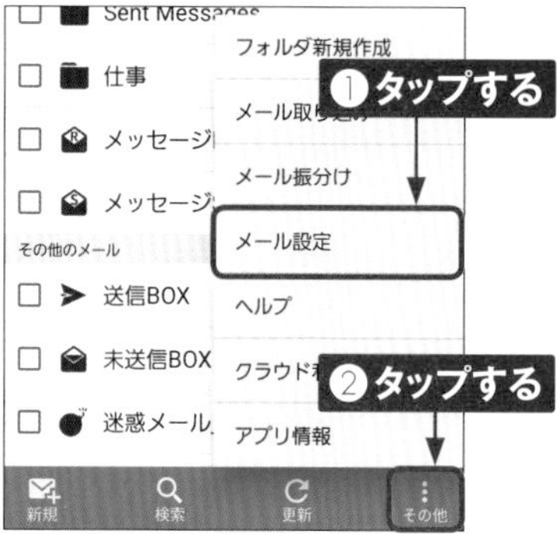

2 メール設定画面が表示されます。＜ドコモメール設定サイト＞をタップします。

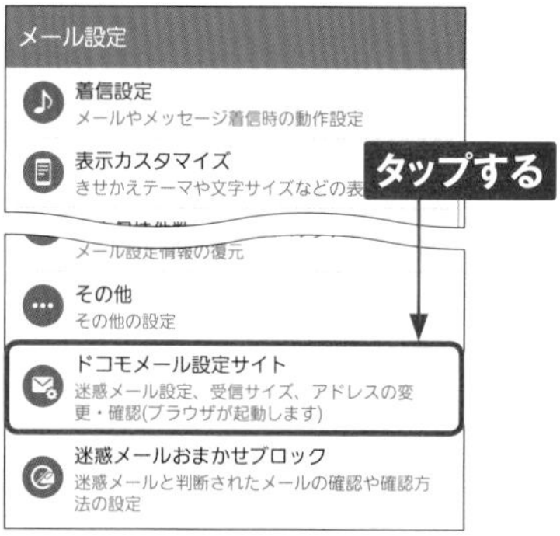

3 ［パスワード確認］ページが表示された場合は、dアカウント、またはspモードのパスワードを入力して、＜パスワード確認＞をタップします。

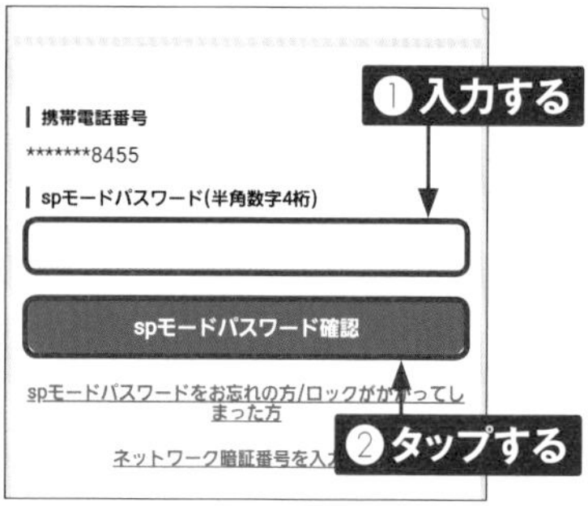

4 ＜メール設定内容の確認＞をタップします。

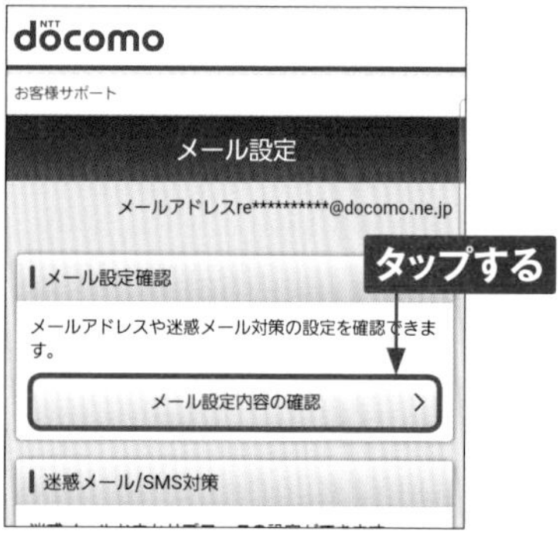

3

5 ＜メールアドレスの変更＞をタップします。注意事項が表示されたら内容を確認し、＜継続する＞をタップして選択して、＜次へ＞をタップします。

6 ＜自分で希望するアドレスに変更する＞をタップして選択し、希望するアドレスを入力して、＜確認する＞をタップします。

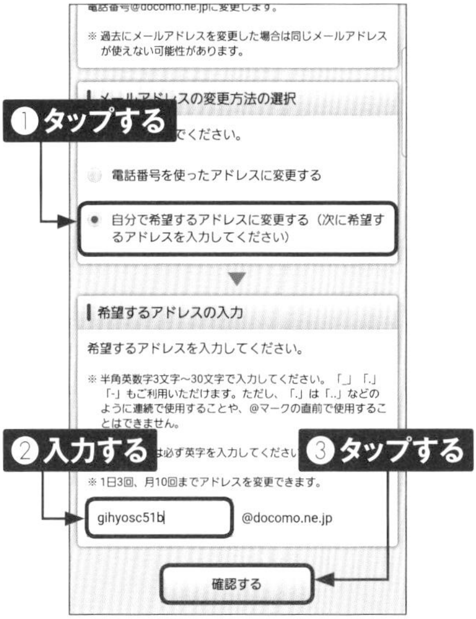

7 ＜設定を確定する＞をタップすると、設定完了です。← を何度かタップして、ブラウザを終了します。

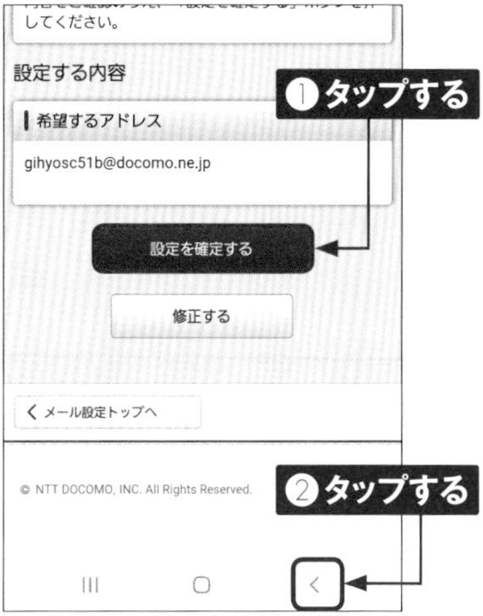

8 P.56手順2の画面に戻るので、＜その他＞をタップし、＜マイアドレス＞をタップします。

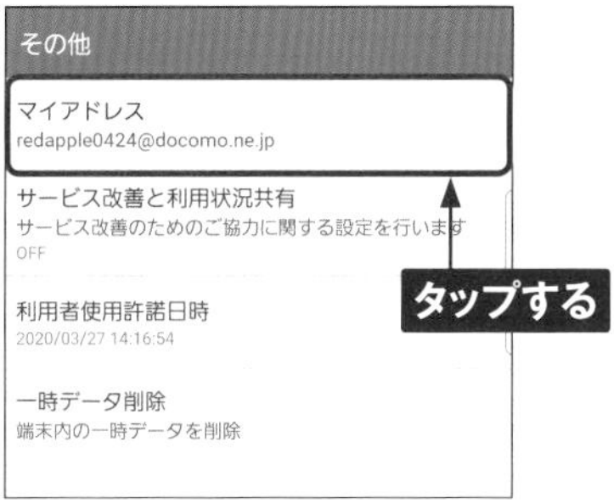

9 ［マイアドレス］画面で＜マイアドレス情報を更新＞をタップします。更新が完了したら、＜OK＞をタップします。

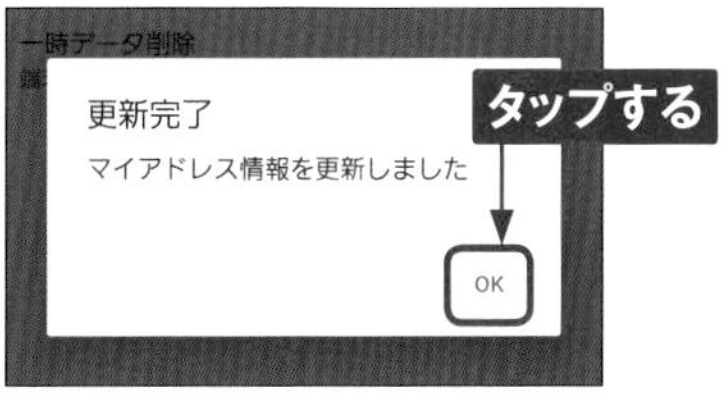

Section 20

ドコモメールを利用する

Sec.19で変更したメールアドレスで、ドコモメールを使ってみましょう。ほかの携帯電話とほとんど同じ感覚で、メールの閲覧や返信、新規作成が行えます。

ドコモメールを新規作成する

1 ホーム画面で✉をタップします。

2 画面左下の＜新規＞をタップします。＜新規＞が表示されないときは、＜を何度かタップします。

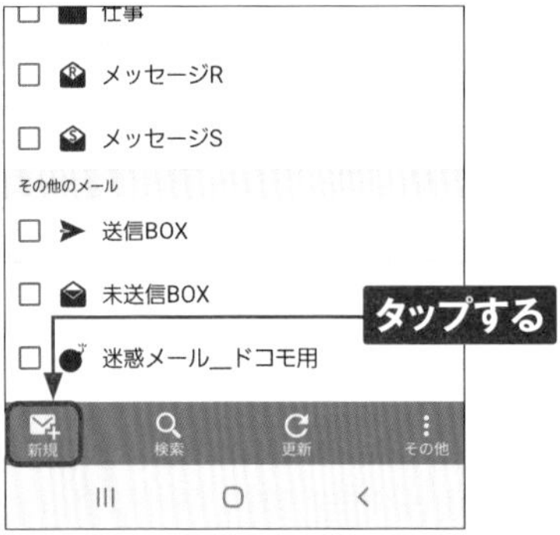

3 新規メールの［作成］画面が表示されるので、［To］欄にメールアドレスを入力します。

MEMO アドレス帳を利用する

手順3の画面で▣をタップすると、電話帳に登録した連絡先のアドレスが名前順に表示されるので、送信したい宛先をタップすると、メールアドレスを入力することができます。送受信の履歴から宛先を選ぶこともできます。

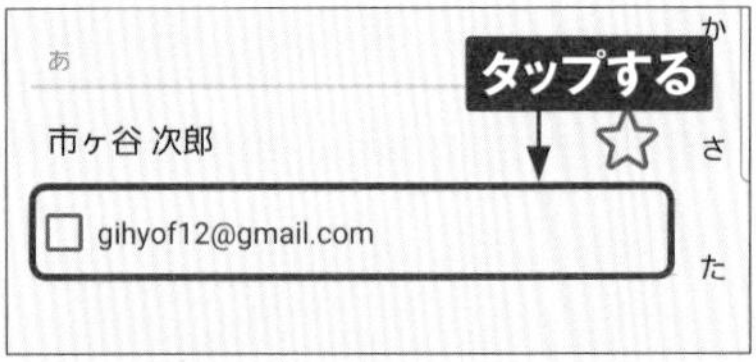

4 ［件名］欄をタップして、タイトルを入力し、［本文］欄をタップします。

5 メールの本文を入力します。

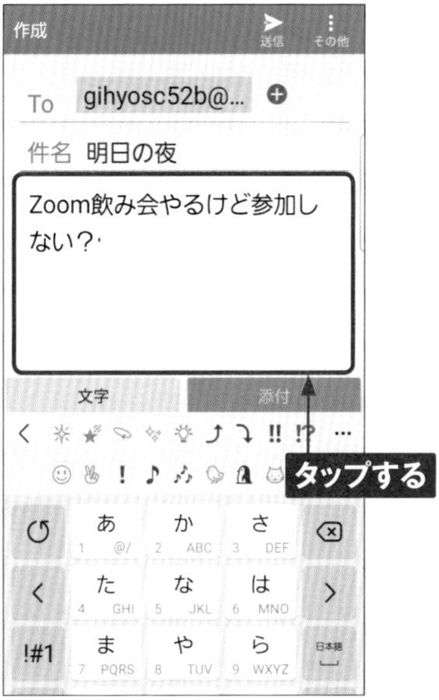

6 ＜送信＞をタップすると、メールを送信できます。

MEMO

写真やファイルを添付する

メール作成画面で＜添付＞をタップすると、ファイルやその場で撮影した写真や動画を添付することができます。

3

受信したメールを閲覧する

1 メールを受信すると通知が表示されるので、をタップします。

2 ［フォルダ一覧］画面が表示されたら、<受信BOX>をタップします。

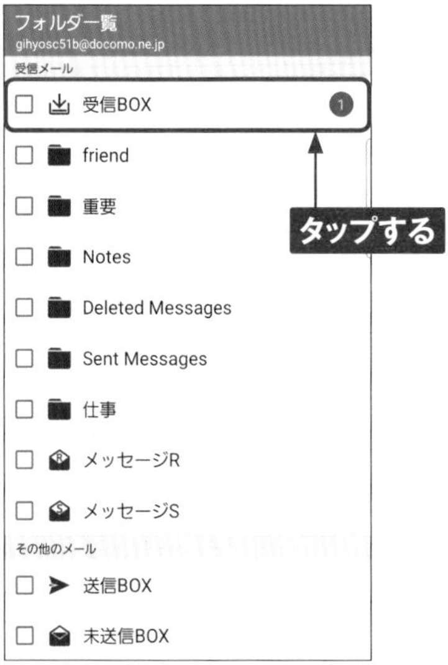

3 受信したメールの一覧が表示されます。内容を閲覧したいメールをタップします。

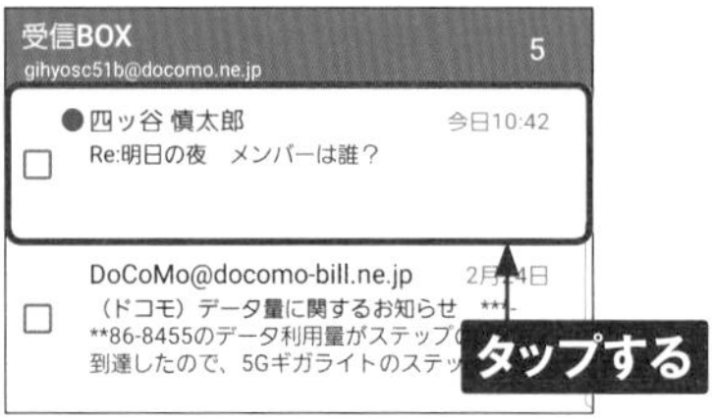

4 メールの内容が表示されます。宛先横のをタップすると、宛先のアドレスと件名が表示されます。

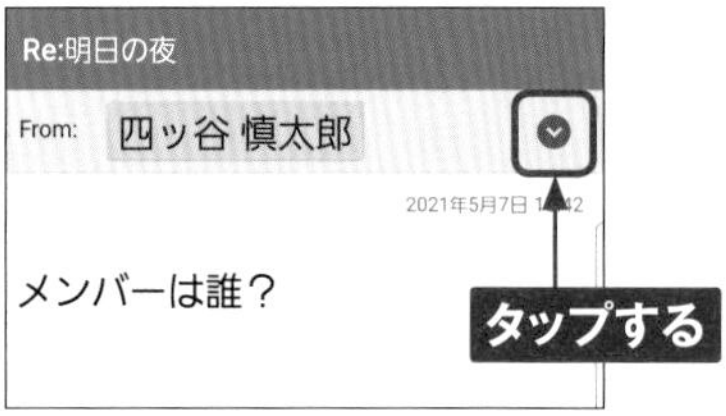

MEMO

メールの削除

手順3の画面で削除したいメールの左にある□をタップしてチェックを付け、画面下部のメニューから<削除>をタップすると、メールを削除できます。

受信したメールに返信する

1 P.60を参考に受信したメールを表示し、画面左下の<返信>をタップします。

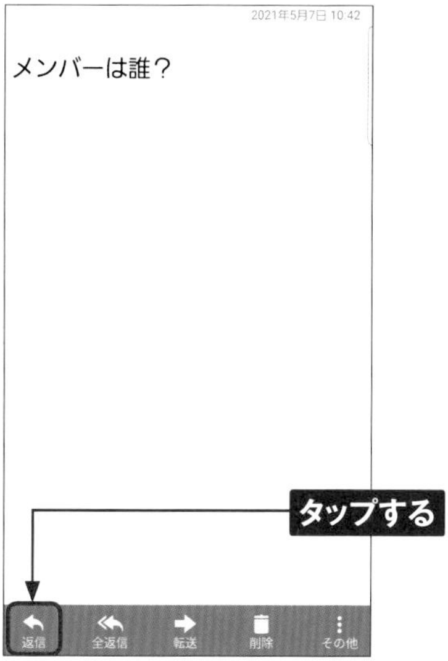

2 ［作成］画面が表示されるので、本文の入力欄をタップします。

3 相手に返信する本文を入力し、<送信>をタップすると、メールの返信が行えます。

MEMO

フォルダの作成

ドコモメールではフォルダでメールを管理できます。フォルダを作成するには、［フォルダ一覧］画面で画面右下の<その他>→<フォルダ新規作成>の順にタップします。

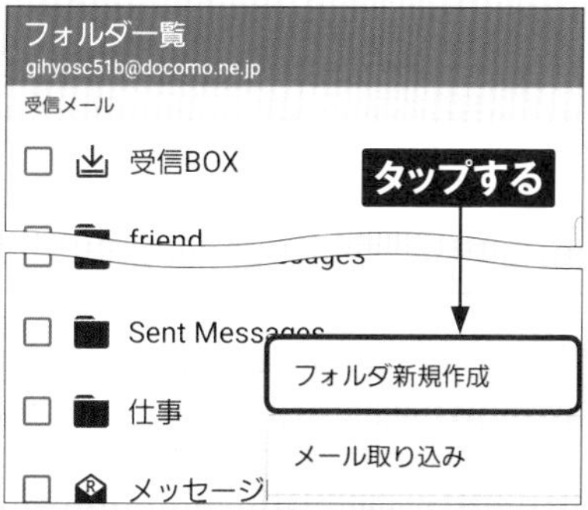

Section 21 メールを自動振分けする

ドコモメールは、送受信したメールを自動的に任意のフォルダへ振分けることも可能です。ここでは、振分けルールの作成手順を解説します。

振分けルールを作成する

1 ［フォルダ一覧］画面で画面右下の＜その他＞をタップし、＜メール振分け＞をタップします。

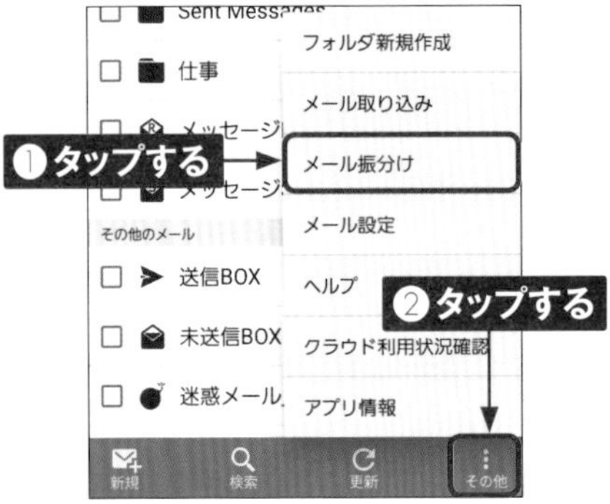

2 ［振分けルール］画面が表示されるので、＜新規ルール＞をタップします。

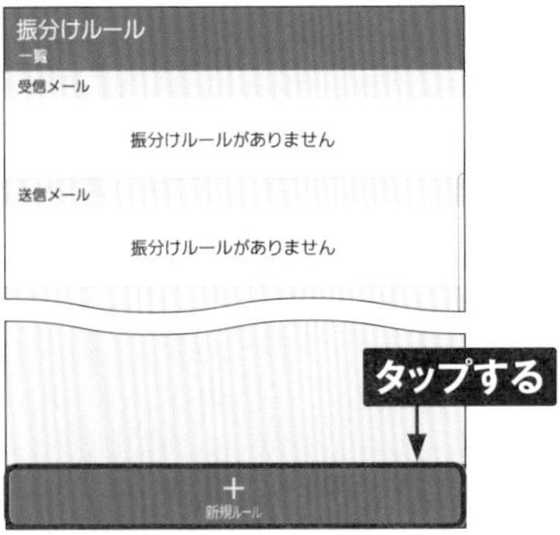

3 ＜受信メール＞または＜送信メール＞（ここでは＜受信メール＞）をタップします。

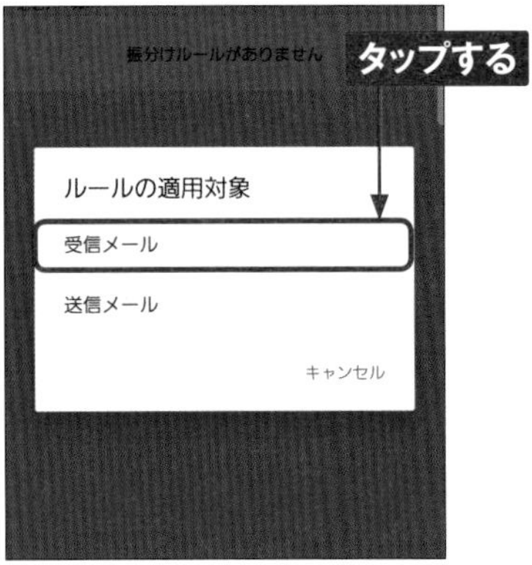

MEMO

振分けルールの作成

ここでは、「［差出人］に［@gihyou.com］というキーワードが含まれるメールを受信したら、自動的に［おしごと］フォルダに移動させる」という振分けルールを作成しています。なお、手順3で＜送信メール＞をタップすると、送信したメールの振分けルールを作成できます。

4 ［振分け条件］の＜新しい条件を追加する＞をタップします。

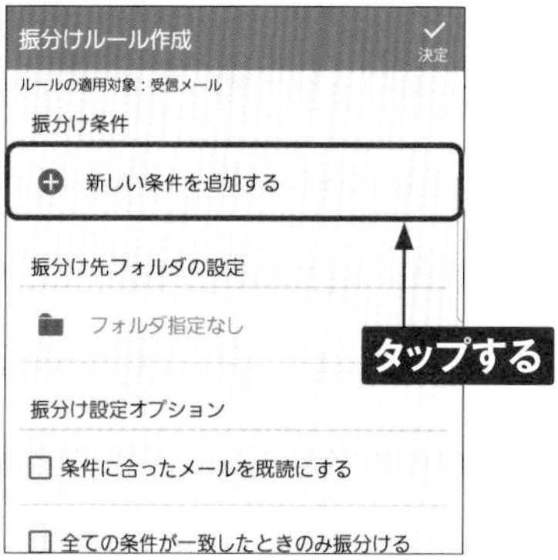

5 振分けの条件を設定します。ここでは＜差出人で振り分ける＞をタップします。

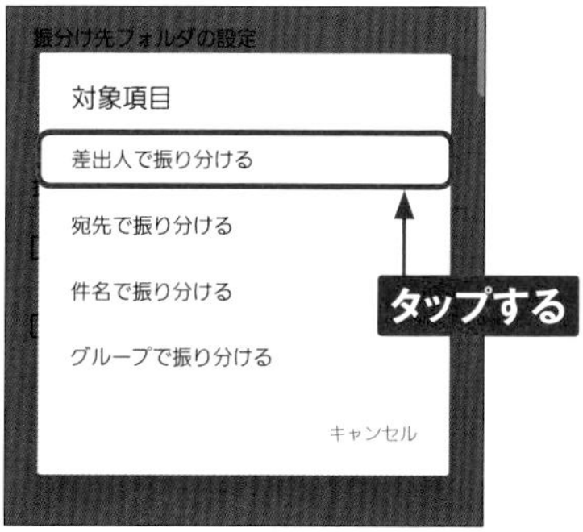

6 任意のキーワード（ここではメールアドレスのドメイン名）を入力して、＜決定＞をタップします。

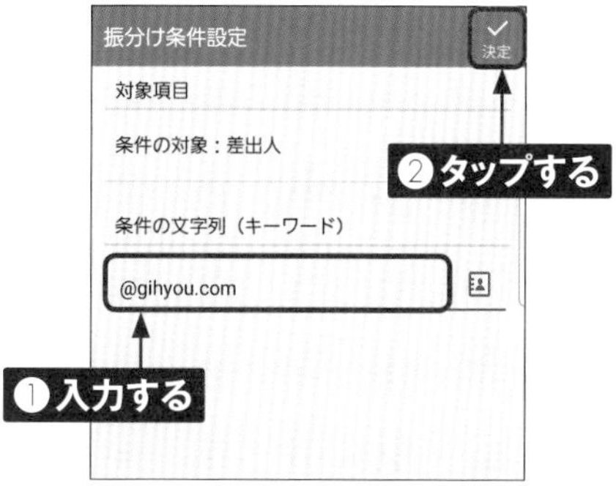

7 ＜フォルダ指定なし＞をタップし、次の画面で＜振分け先フォルダを作る＞をタップします。

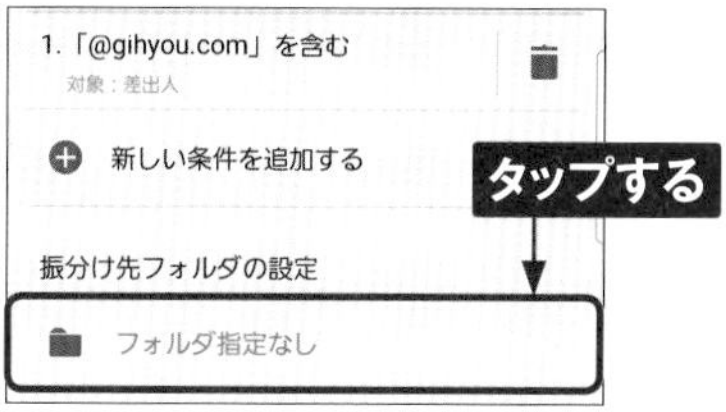

8 フォルダ名を入力し、＜決定＞をタップします。［確認］画面が表示されたら、＜OK＞をタップします。

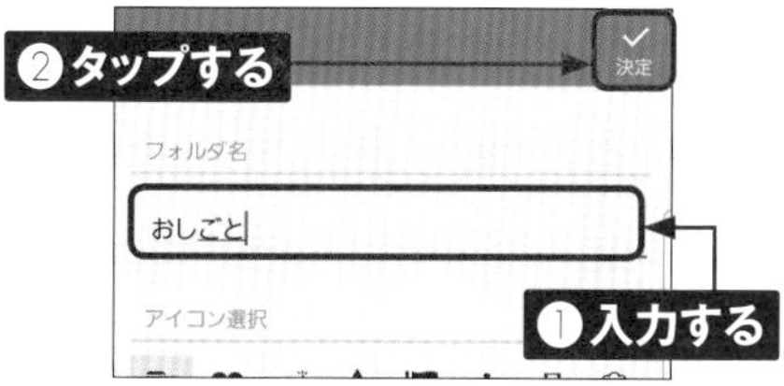

9 手順**4**の画面に戻るので、＜決定＞をタップします。

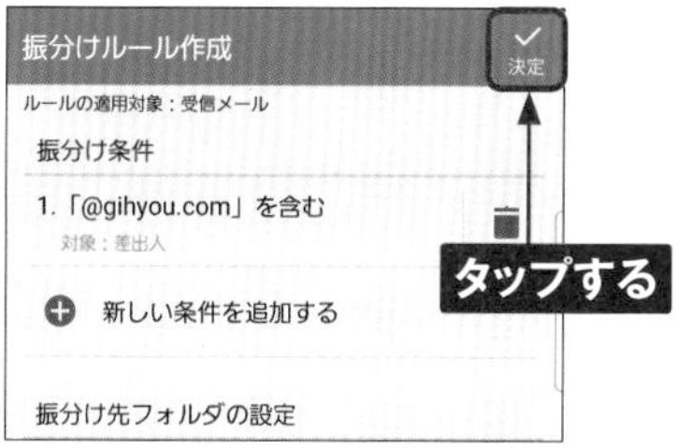

10 ［振分け］画面が表示されたら、＜はい＞をタップします。振分けルールが新規登録されます。

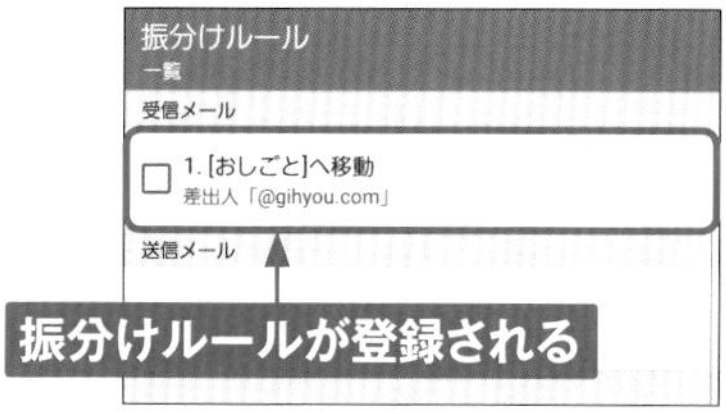

Section 22

迷惑メールを防ぐ

ドコモメールでは、受信したくないメールを、ドメインやアドレス別に細かく設定することができます。スパムメールなどの受信を拒否したい場合などに設定しておきましょう。

受信拒否リストを設定する

1 [フォルダー覧] 画面で<その他>→<メール設定>の順にタップします。

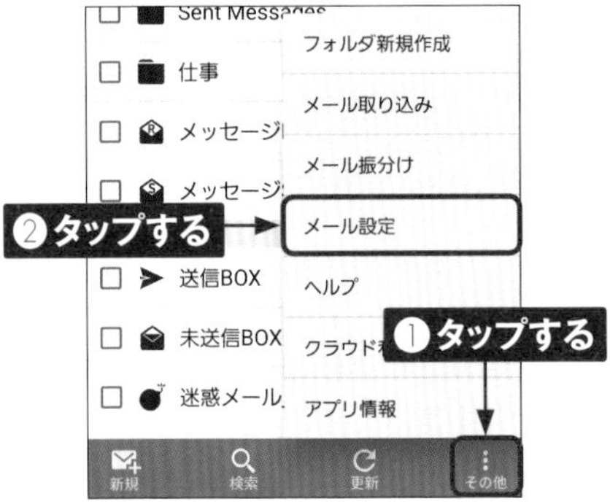

2 <ドコモメール設定サイト>をタップします。

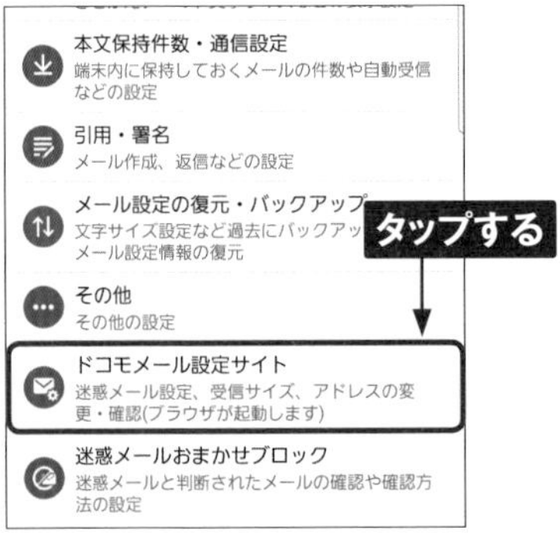

3 [パスワード確認] ページが表示された場合は、dアカウント、またはspモードのパスワード(P.30参照)を入力して、<パスワード確認>をタップします。

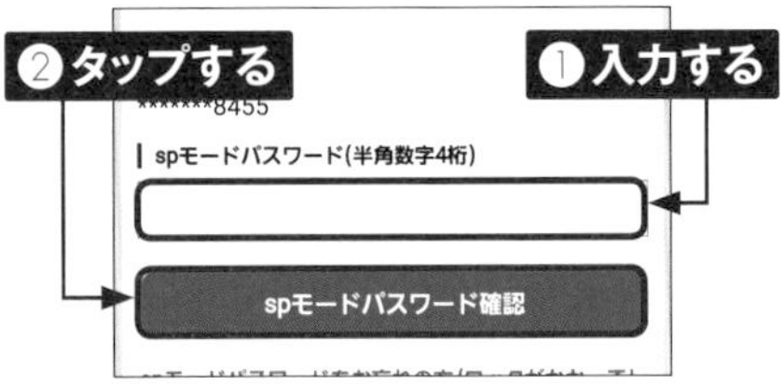

MEMO

迷惑メールおまかせブロックとは

ドコモでは、迷惑メールフィルターの設定のほかに、迷惑メールを自動で判定してブロックする「迷惑メールおまかせブロック」という、より強力な迷惑メール対策サービスがあります。月額利用料金がかかりますが、「あんしんセキュリティ」と同じ料金なので、同サービスを契約していれば、迷惑メールおまかせブロック機能も追加料金不要で利用できます。

4 ［メール設定］画面で＜拒否リスト設定＞をタップします。

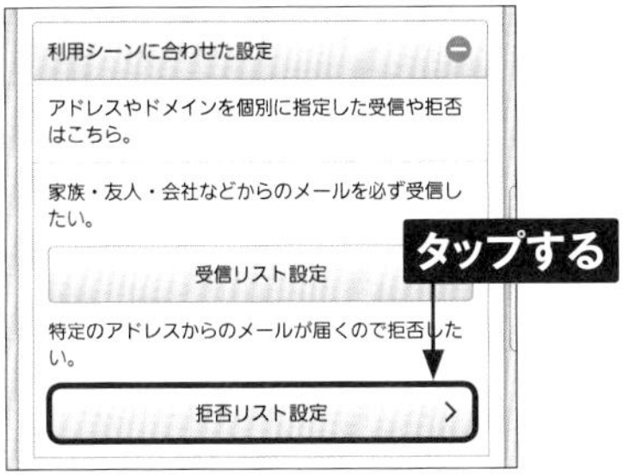

5 ［拒否リスト設定］欄の＜設定を利用する＞をタップし、［拒否するメールアドレスの登録］欄の＜さらに追加する＞をタップします。

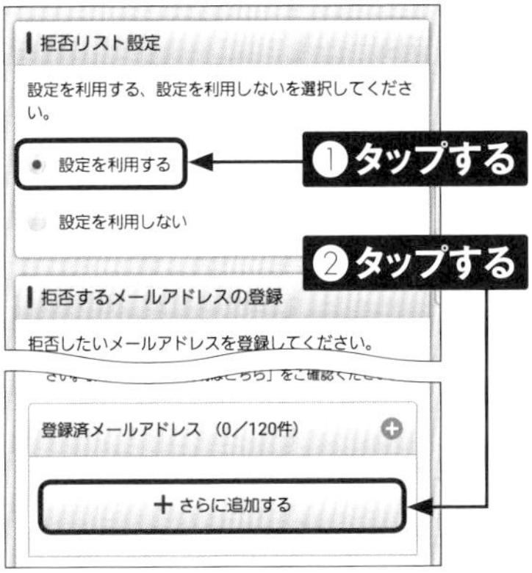

6 受信を拒否するメールアドレスを入力します。続けてほかのメールアドレスを登録する場合は、＜さらに追加する＞をタップします。

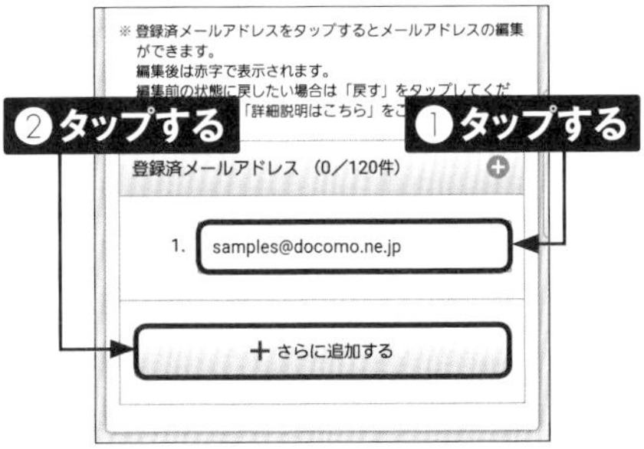

7 受信を拒否するメールのドメインを登録する場合は、［拒否するドメインの登録］欄の＜さらに追加する＞をタップして、手順**6**と同様にドメインを入力します。

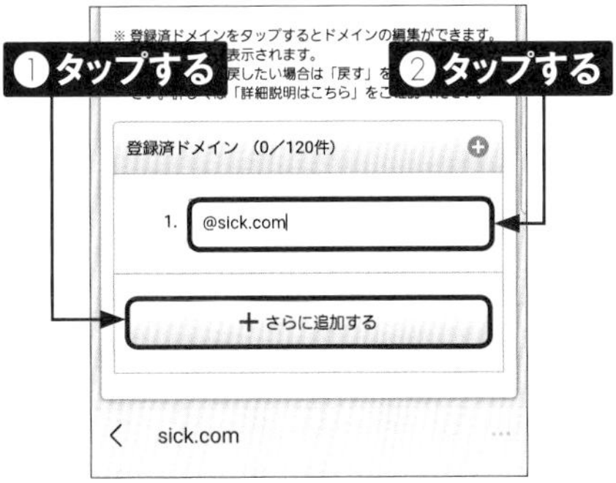

8 登録が終わったら＜確認する＞をタップします。

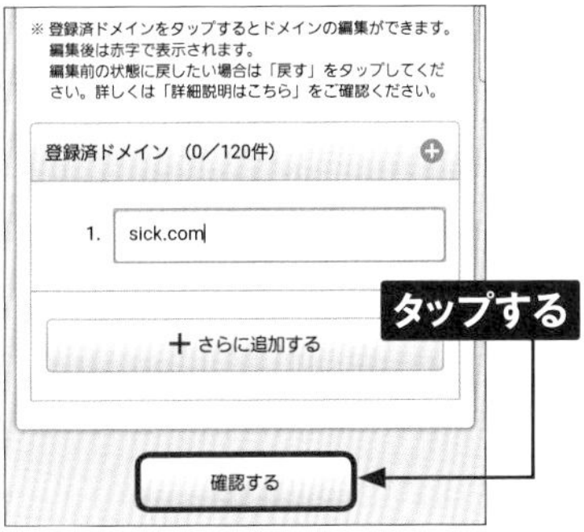

9 入力した受信拒否リストを確認して、＜設定を確定する＞をタップします。

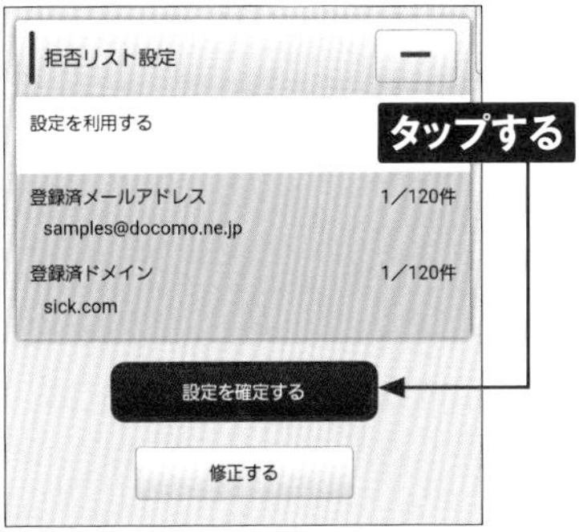

3

Section 23 +メッセージ(SMS)を利用する

［+メッセージ（SMS）］アプリでは、携帯電話番号を宛先にして、SMSでは文字のメッセージ、+メッセージでは写真やビデオなどもやり取りできます。

SMSと+メッセージ

S21/S21 Ultraで、SMS（ショートメッセージ）を送信する場合は、［+メッセージ（SMS）］アプリを利用します。また、［+メッセージ（SMS）］アプリでは、SMSの拡張規格である+メッセージを利用することもできます。
SMSで送受信できるのは最大で全角70文字（他社宛）までのテキストですが、+メッセージでは文字が全角2730文字、そのほかに100MBまでの写真や動画、スタンプ、音声メッセージをやり取りでき、グループメッセージや現在地の送受信機能もあります。
また、SMSは送信に1回あたり3～6円かかりますが、+メッセージはパケットを使用するため、パケット定額のコースを契約していれば、特に料金は発生しません。
+メッセージは、相手も+メッセージを利用している場合のみ利用できます。SMSと+メッセージどちらが利用できるかは自動的に判別されますが、画面の表示からも判断することができます（下図参照）。

3

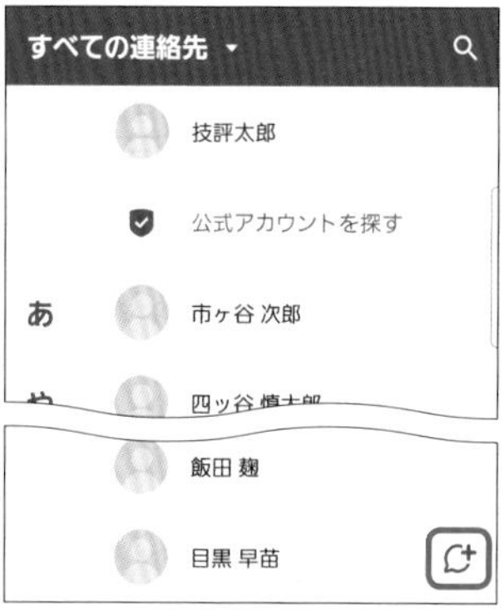

［+メッセージ（SMS）］アプリで表示される連絡先の相手画面。+メッセージを利用できる相手には、が表示されます。

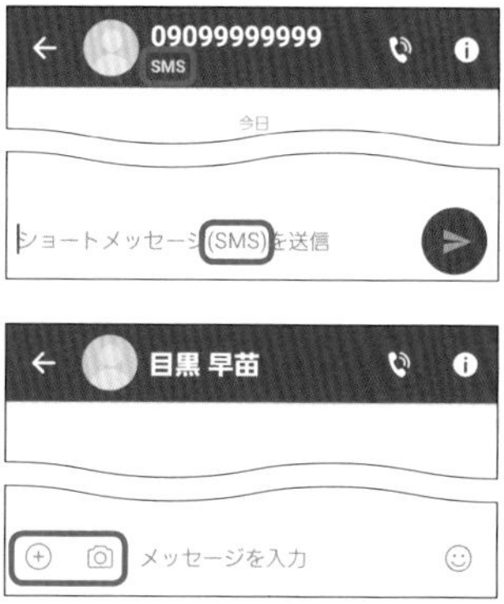

相手が+メッセージを利用していない場合、名前とメッセージ欄に「SMS」と表示されます（上図）。+メッセージを利用している場合は、添付アイコンが表示されます（下図）。

SMSを送信する

1 ［アプリ一覧］画面から、＜＋メッセージ（SMS）＞をタップします。初回は許可画面などが表示されるので、画面に従って操作します。

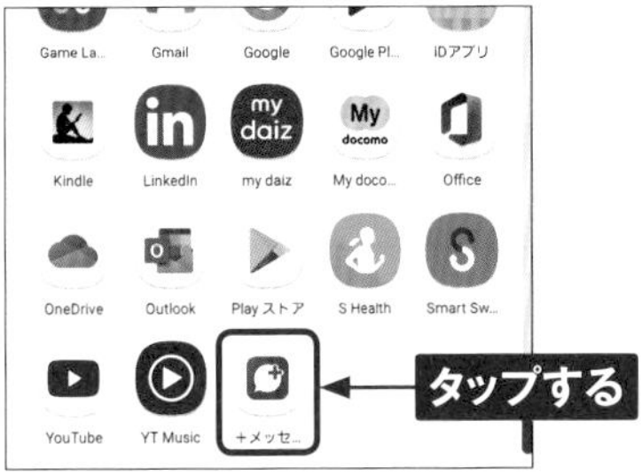

2 新規にメッセージを作成する場合は、⊕をタップします。

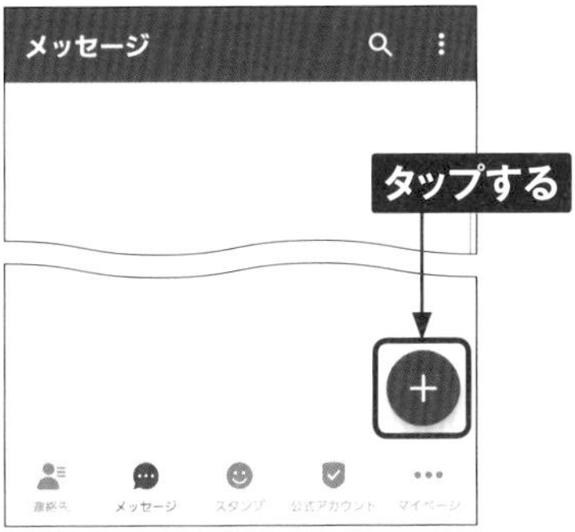

3 ＜新しいメッセージ＞をタップします。＜新しいグループメッセージ＞は、＋メッセージの機能です。

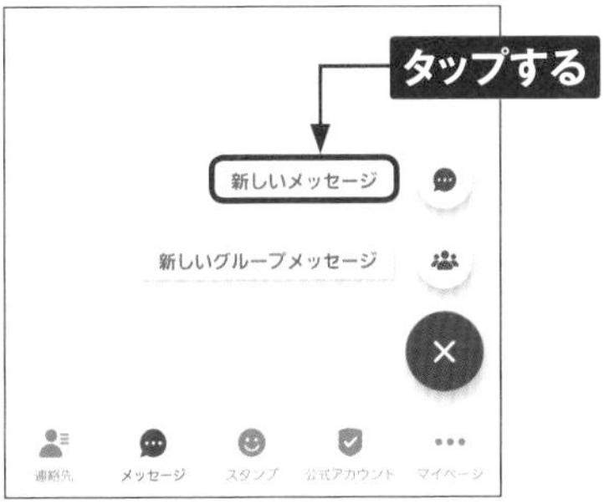

4 ここでは、番号を入力してSMSを送信します。＜名前や電話番号を入力＞をタップして、番号を入力し、＜直接指定＞をタップします。連絡先に登録している相手の名前をタップすると、その相手にメッセージを送信できます。

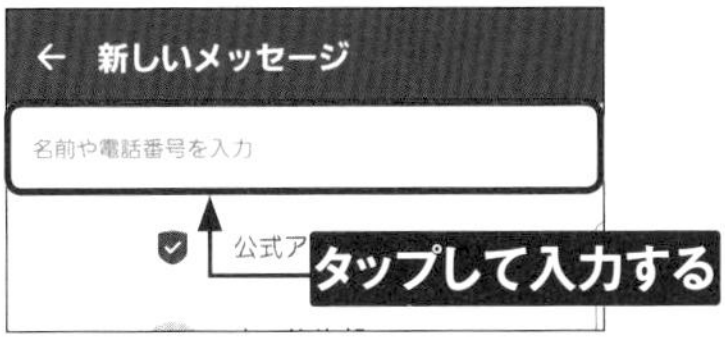

5 ＜ショートメッセージ（SMS）を送信＞をタップして、メッセージを入力し、▶をタップします。

6 メッセージが送信され、送信したメッセージが画面の右側に表示されます。

3

メッセージを受信する／返信する

1 メッセージが届くと、ステータスバーに通知アイコンが表示されます。ステータスバーを下方向にスクロールします。

2 通知パネルに表示されているメッセージの通知をタップします。

3 受信したメッセージが左側に表示されます。メッセージを入力して、▶をタップすると、相手に返信できます。

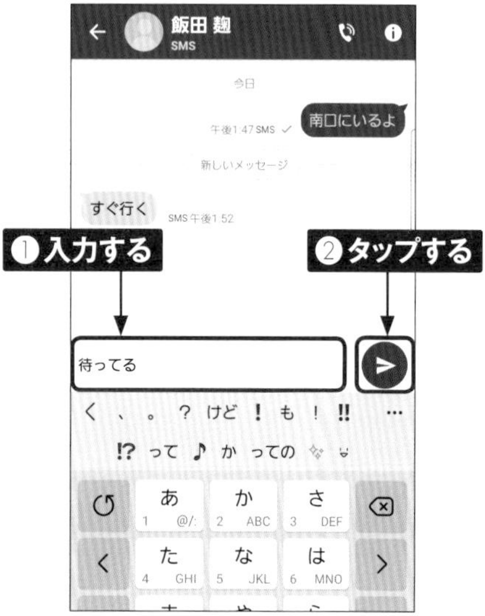

MEMO

メッセージのやり取りはスレッドで表示される

SMSで相手とやり取りすると、やり取りした相手ごとにメッセージがまとまって表示されます。このまとまりを「スレッド」と呼びます。スレッドをタップすると、その相手とのやり取りがリストで表示され、返信も可能です。

+メッセージで写真や動画を送る

1 ここでは連絡先リストから+メッセージを送信します。P.67手順2の画面で、<連絡先>をタップし、の付いた相手をタップします。

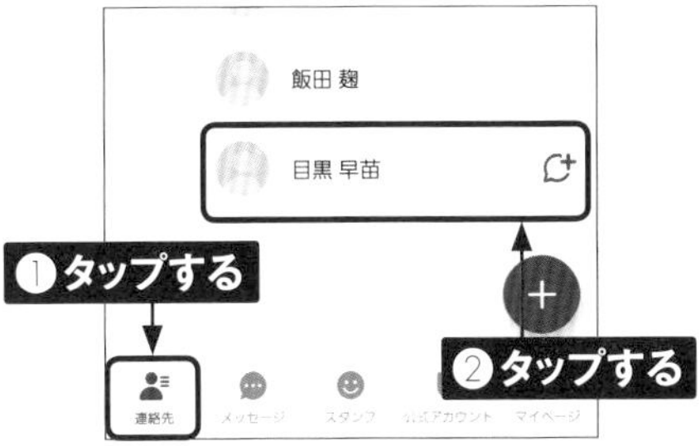

2 <メッセージ>をタップします。なお、+メッセージを利用していない相手の場合は、+メッセージの利用を促すSMSを送る画面が表示されます。

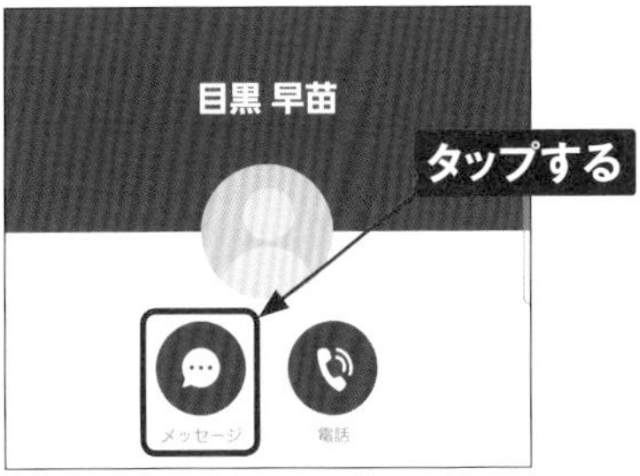

3 をタップします。なお、をタップすると、写真を撮影して送信、をタップすると、スタンプを送信できます。

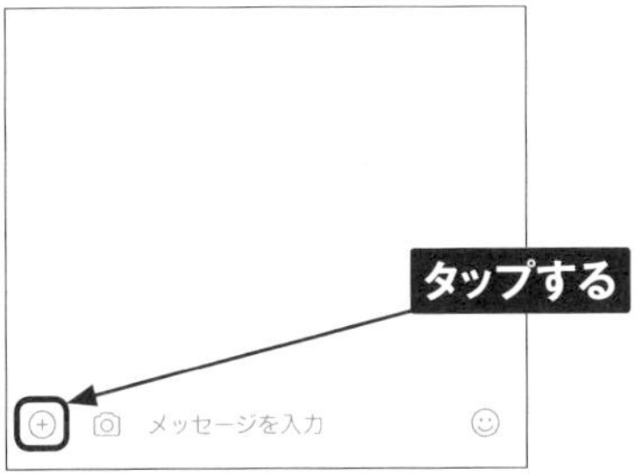

4 ここでは本体内の写真を送ります。をタップして、表示された本体内の写真をタップします。

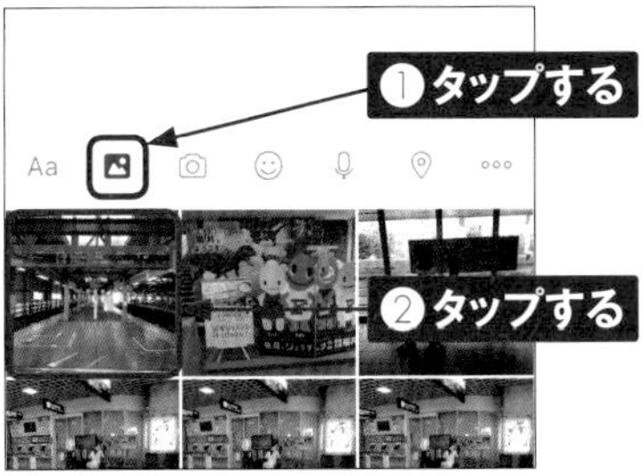

5 写真が表示されるので、をタップします。

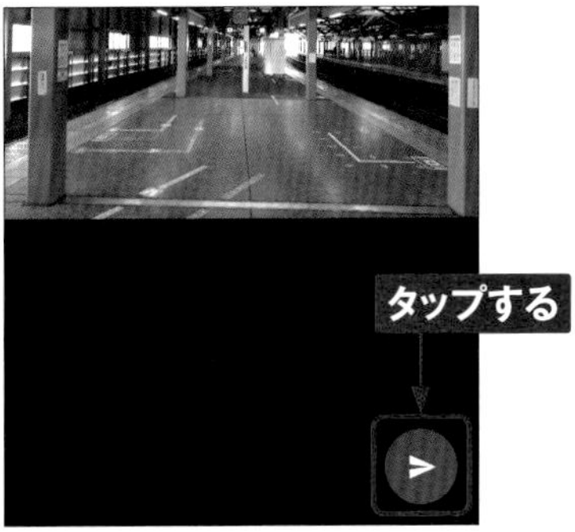

6 写真が送信されます。なお、+メッセージの場合、メールのように文字や写真を一緒に送ることはできず、個別に送ることになります。

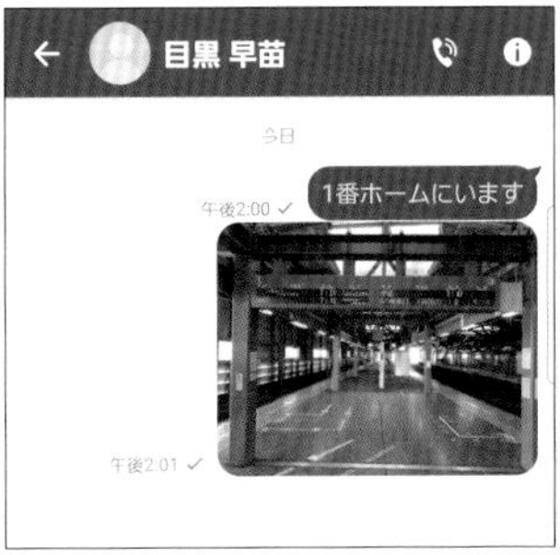

3

Section 24
Gmailを利用する

GmailはGoogleの提供するメールサービスです。メールアドレスはGoogleのアカウントと共通なので、Googleアカウントを登録すると、すぐに利用できます。また、PCメールなどほかのメールアカウントを追加して使うこともできます。

受信したGmailを閲覧する

1 ホーム画面で＜Google＞フォルダを開いて、＜Gmail＞をタップします。

2 画面の指示に従って操作すると、[メイン] 画面が表示されます（右のMEMO参照）。読みたいメールをタップします。

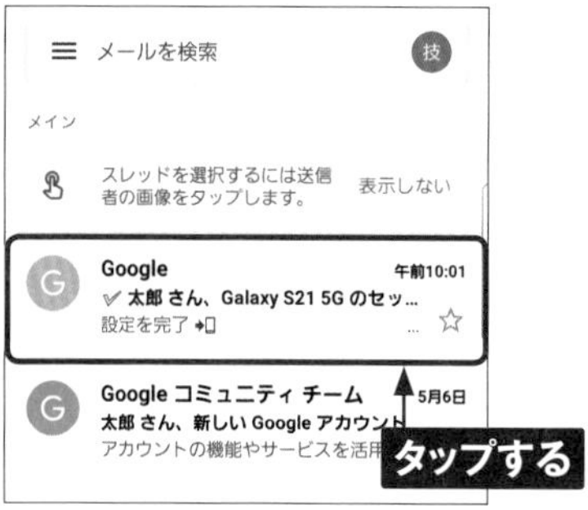

3 メールの差出人やメール受信日時、メール内容が表示されます。←をタップすると、[メイン] 画面に戻ります。なお、↰をタップすると、表示中のメールに返信することができます。

MEMO
Googleアカウントを同期する

Gmailを使用する前に、Sec.10を参考にあらかじめ自分のGoogleアカウントを設定しましょう。P.29手順8の画面で、Gmailを同期する設定にしておくと、Gmailのメールが自動的に同期されます。すでにGmailを使用している場合は、内容がそのまま[Gmail] アプリで表示されます。

Gmailを送信する

1 [メイン] 画面を表示して、<作成>をタップします。

2 [作成] 画面が表示されます。<To>をタップして宛先のアドレスを入力します。相手の名前を入力すると、連絡先から選択できます。

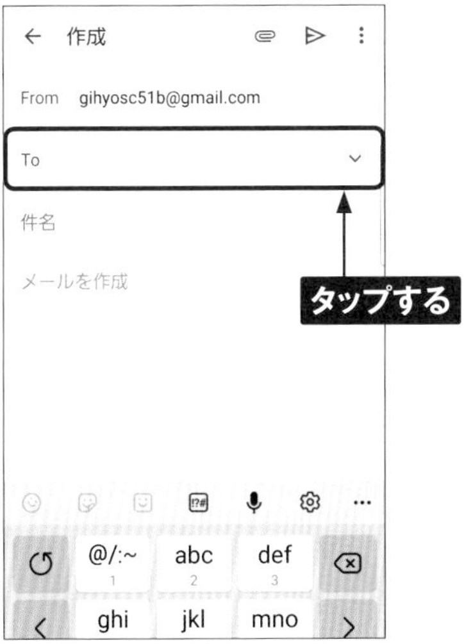

3 件名とメッセージを入力し、▷をタップすると、メールが送信されます。

MEMO

メニューを表示する

「Gmail」の画面を左端から右方向にスライドすると、メニューが表示されます。メニューでは、[メイン] 以外のカテゴリやラベルを表示したり、送信済みメールを表示したりできます。なお、ラベルの作成や振り分け設定は、パソコンのWebブラウザで「http://mail.google.com/」にアクセスして操作します。

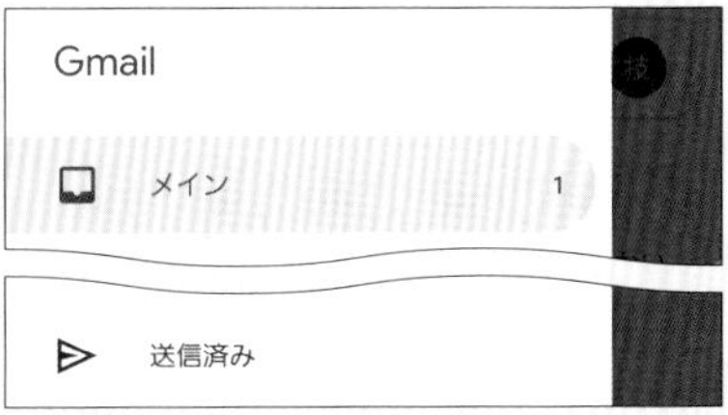

Section 25

PCメールを設定する

S21/S21 Ultraで会社のPCメールや、Yahoo!メールといったWebメールを利用するには、［Gmail］アプリと［Outlook］アプリを使う方法があります。ここでは、［Outlook］アプリでの設定を紹介します。

Yahoo!メールを設定する

1 あらかじめメールのアカウント情報を準備しておきます。［アプリ一覧］画面から、<Outlook>をタップします。

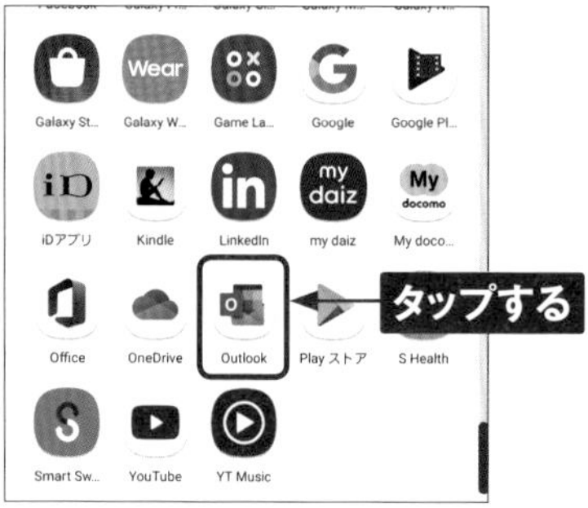

2 <アカウントを追加してください>をタップします。

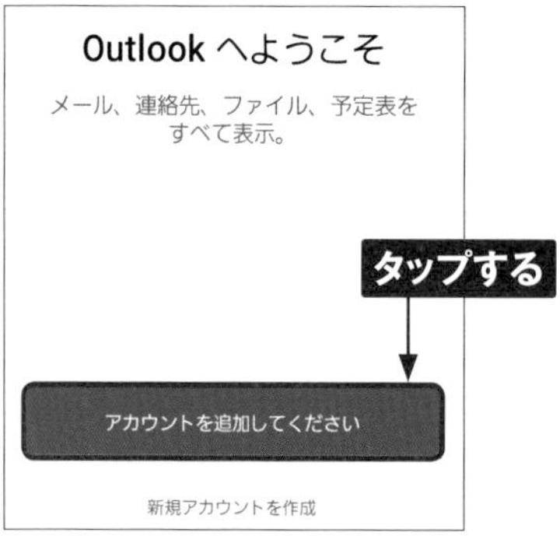

3 ここではYahoo!メールを例に設定を紹介します。入力欄下部に表示されているサービスであれば、メールアドレスとパスワードのみで設定が完了します。メールアドレスを入力し、<続行>をタップします。

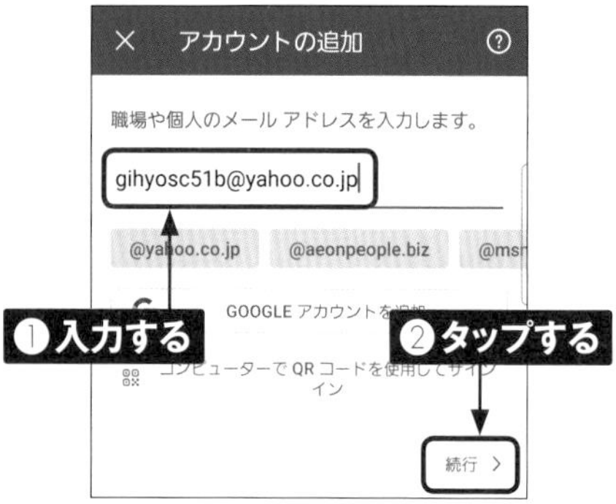

4 続けるをタップします。

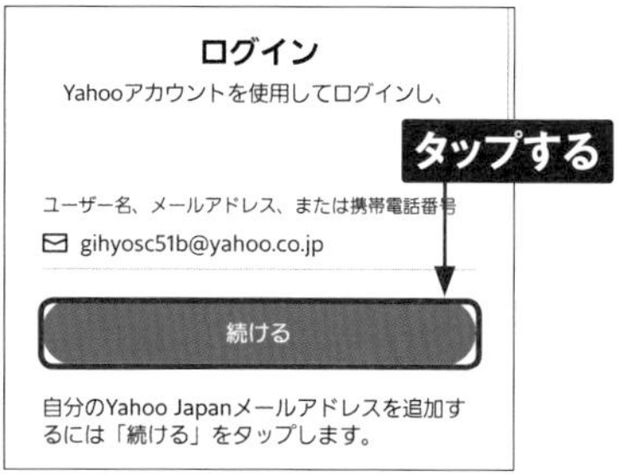

5 各項目に必要な情報を入力して、✓をタップします。

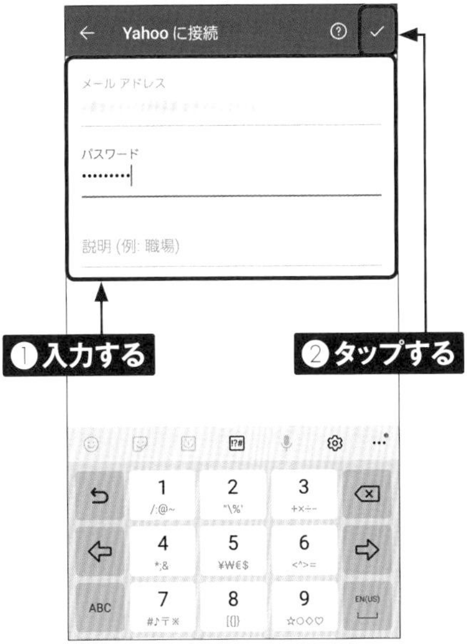

6 ここでは、＜後で＞をタップします。

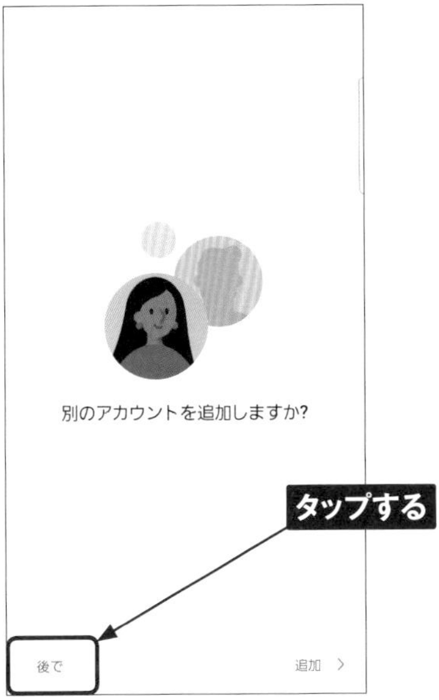

7 設定したメールの受信トレイが表示され、メールを送受信することができるようになります。

MEMO 2つ目以降のアカウント登録

最初のアカウントを登録すると、P.72手順1の次はP.73手順7の画面が表示されます。別のアカウントを登録したい場合は、手順7の画面で上部「受信トレイ」の左にあるアイコンをタップして、をタップします。

3

Section 26

Webページを見る

S21/S21 Ultraには、インターネットの閲覧アプリとして、Googleの［Chrome］と、Samsungの［ブラウザ］が標準搭載されています。ここでは、ホーム画面にショートカットがある［Chrome］の使い方を紹介します。

Webページを表示する

1 ホーム画面で、をタップします。初回起動時はアカウントの確認画面が表示されるので、<同意して続行>をタップし、［Chromeにログイン］画面でアカウントを選択して<続行>→<OK>の順にタップします。

2 ［Chrome］アプリが起動して、標準ではドコモのWebページが表示されます。画面上部のアドレスバーが表示されていない場合は、画面を下方向にフリックすると表示されます。

3 アドレスバーの「URL入力欄」をタップし、URLを入力して、<移動>をタップします。

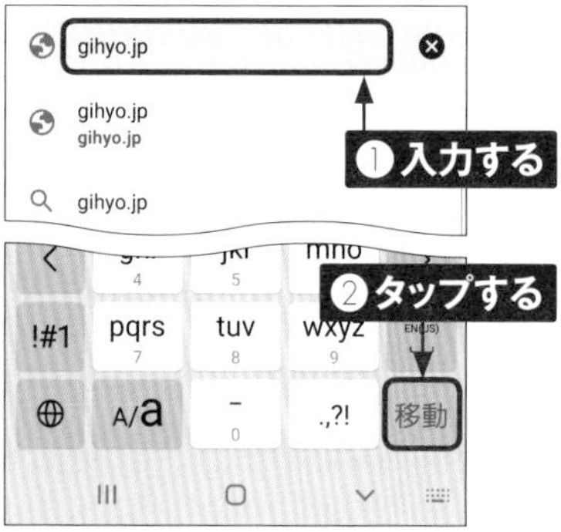

4 入力したURLのWebページが表示されます。

Webページを移動する

1 Webページの閲覧中に、リンク先のページに移動したい場合、ページ内のリンクをタップします。

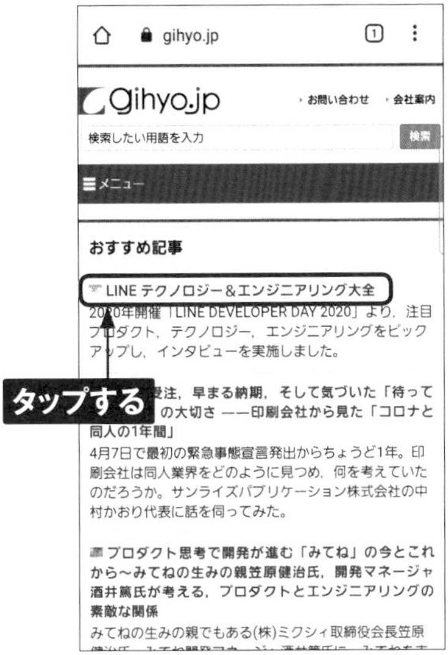
gihyo.jp
gihyo.jp
お問い合わせ
会社案内
検索したい用語を入力
検索
メニュー
おすすめ記事
LINE テクノロジー＆エンジニアリング大全
2020年開催「LINE DEVELOPER DAY 2020」より，注目プロダクト，テクノロジー，エンジニアリングをピックアップし，インタビューを実施しました。
タップする
同人の1年間」
4月7日で最初の緊急事態宣言発出からちょうど1年。印刷会社は同人業界をどのように見つめ，何を考えていたのだろうか。サンライズパブリケーション株式会社の中村かおり代表に話を伺ってみた。
プロダクト思考で開発が進む「みてね」の今とこれから～みてねの生みの親笠原健治氏，開発マネージャ酒井篤氏が考える，プロダクトとエンジニアリングの素敵な関係
みてねの生みの親でもある(株)ミクシィ取締役会長笠原

2 ページが移動します。＜をタップすると、タッチした回数分だけページが戻ります。

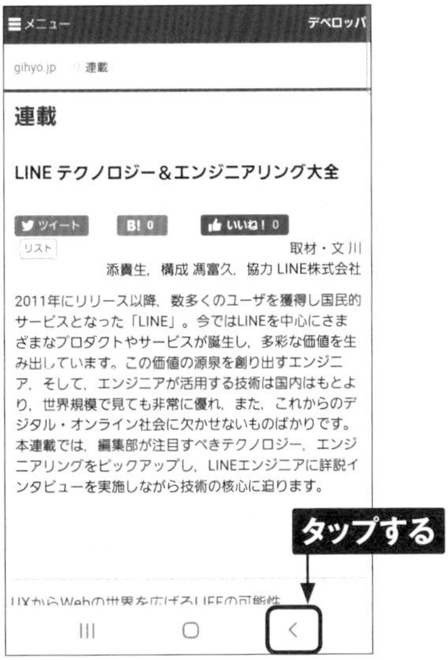
メニュー
デベロッパ
gihyo.jp
連載
連載
LINE テクノロジー＆エンジニアリング大全
ツイート
B! 0
いいね！ 0
リスト
取材・文 川添貴生，構成 馮富久，協力 LINE株式会社
2011年にリリース以降，数多くのユーザを獲得し国民的サービスとなった「LINE」。今ではLINEを中心にさまざまなプロダクトやサービスが誕生し，多彩な価値を生み出しています。この価値の源泉を創り出すエンジニア，そして，エンジニアが活用する技術は国内はもとより，世界規模で見ても非常に優れ，また，これからのデジタル・オンライン社会に欠かせないものばかりです。本連載では，編集部が注目すべきテクノロジー，エンジニアリングをピックアップし，LINEエンジニアに詳説インタビューを実施しながら技術の核心に迫ります。
タップする

3 画面右上の⋮をタップして、→をタップすると、前のページに進みます。

タップする
Chrome を更新
新しいバージョンをご利用いただけます
新しいタブ
新しいシークレット タブ
履歴
ダウンロード
ブックマーク
メニュー
おすすめ記事

4 手順**3**の画面でCをタップすると、表示されているWebページが更新されます。

Chrome を更新
新しいバージョンをご利用いただけます
検索したい用語を
新しいタブ
タップする
メニュー
新しいシークレット
おすすめ記事
履歴
ダウンロード
ブックマーク
最近使ったタブ

MEMO

[Chrome] アプリの更新

[Chrome] アプリの更新がある場合、手順**3**で⋮ではなく、⬆が表示されます。その場合は、⬆→<Chromeを更新>→<更新>の順にタップして、[Chrome] アプリを更新しましょう。

Section 27

複数のWebページを同時に開く

［Chrome］アプリでは、複数のWebページをタブと呼ばれる機能で同時に開いておくことができます。なお、2021年5月現在、タブの新しい仕様であるグループタブが順次適用されていますが、ここでは旧仕様で解説しています。

Webページを新しいタブで開く

1 アドレスバーを表示して、⋮をタップします。

2 ＜新しいタブ＞をタップします。

3 新しいタブが表示されます。

MEMO

リンクを新しいタブで開く

ページ内のリンクをロングタッチし、＜新しいタブで開く＞をタップすると、リンク先のWebページが新しいタブで開きます。ここで＜新しいタブをグループで開く＞が表示される場合は、新しい仕様になっています。

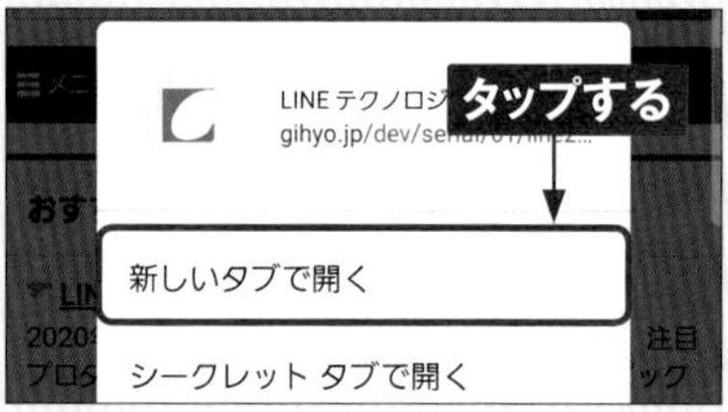

表示するタブを切り替える

1 複数のタブを開いた状態で、右上のタブの数が表示されたアイコンをタップします。

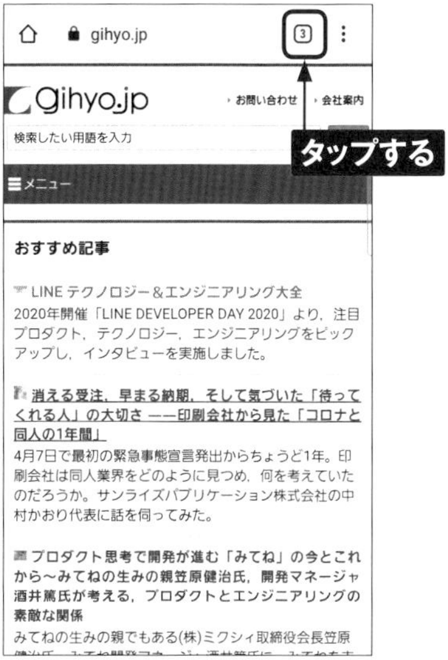

2 現在開いているタブの一覧が表示されるので、上下にスワイプして表示したいタブをタップします。

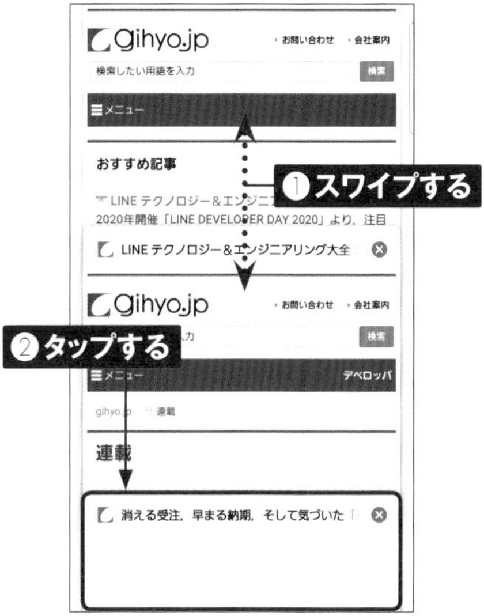

3 タップしたタブに表示が切り替わります。

MEMO

タブを閉じる

不要なタブを閉じたいときは、手順**2**の画面で、閉じたいタブの⊗をタップします。

Section 28 ブックマークを利用する

［Chrome］アプリでは、WebページのURLを「ブックマーク」に追加し、好きなときにすぐに表示することができます。よく閲覧するWebページはブックマークに追加しておくと便利です。

ブックマークを追加する

1 ブックマークに追加したいWebページを表示して、⁝をタップします。

2 ☆をタップします。

3 ブックマークにWebページが追加されます。再度手順**2**の画面を表示して、★をタップします。

4 名前や保存先のフォルダなどを編集します。←をタップすると、Webページに戻ります。

MEMO ホーム画面にショートカットを配置する

手順**2**の画面で＜ホーム画面に追加＞をタップすると、ホーム画面にWebページをすぐに表示できるショートカットを配置できます。

ブックマークからWebページに移動する

1 アドレスバーの、⋮をタップします。

2 <ブックマーク>をタップします。

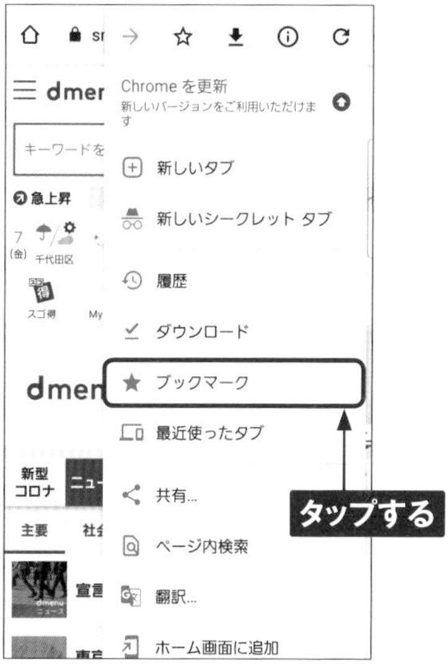

3 [ブックマーク] 画面が表示されるので、表示したいブックマークをタップします。

4 タップしたWebページが表示されます。

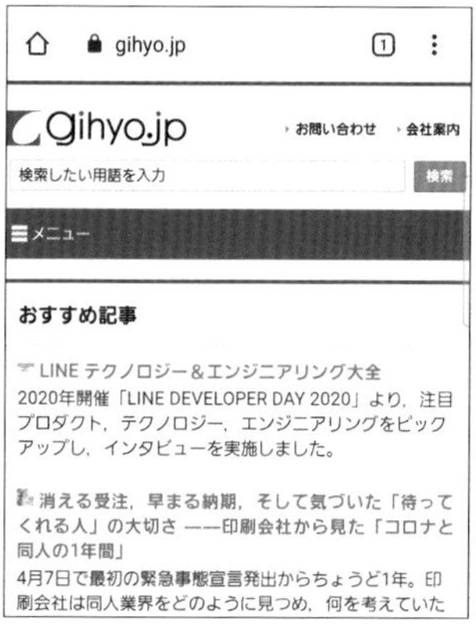

MEMO

ブックマークを編集／削除する

手順**3**の画面で編集／削除したいブックマークの⋮をタップし、表示されるメニューで<編集>や<削除>をタップします。

Section 29
ブラウザから検索する

［Chrome］から、Google検索を利用してインターネットのWebページを検索することができます。URLの一部しかわからない、商品名しか知らない会社のWebページを見たい、という場合にも役立ちます。

ブラウザからGoogle検索をする

1 ［Chrome］を起動して、URL入力欄をタップします。

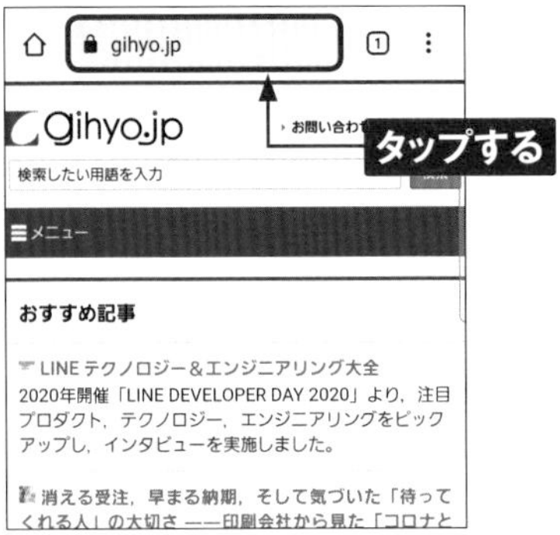

2 検索したいキーワードを入力して、＜移動＞をタップします。なお、アドレスバーの下に表示される検索候補をタップしても検索ができます。

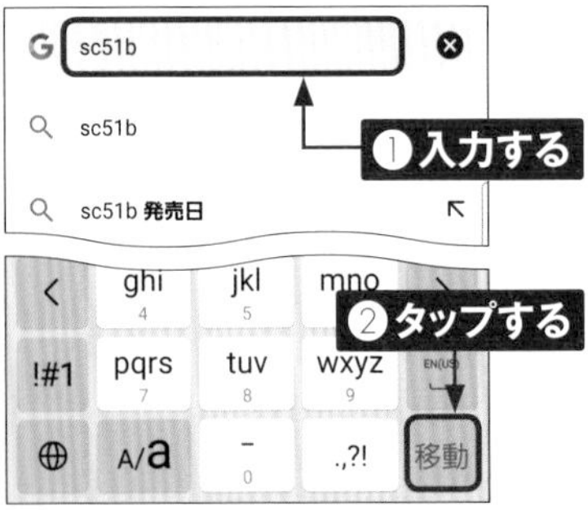

3 Google検索が実行され、検索結果が表示されます。表示したいページのリンクをタップすると、リンク先のページが表示されます。

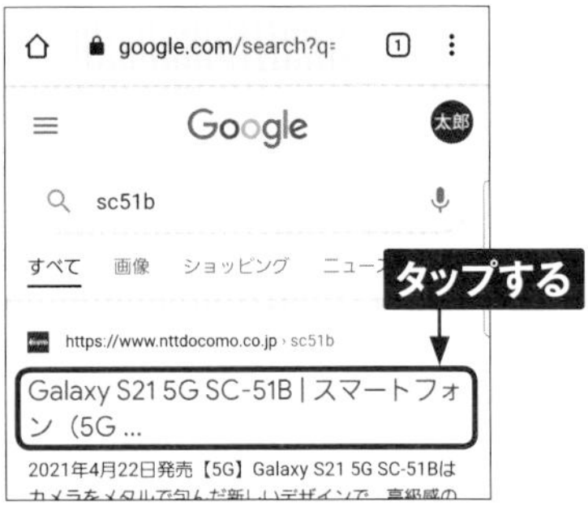

MEMO

ホーム画面からの検索

Google検索は、ホーム画面の上部に配置されているクイック検索ボックスからも行えます。

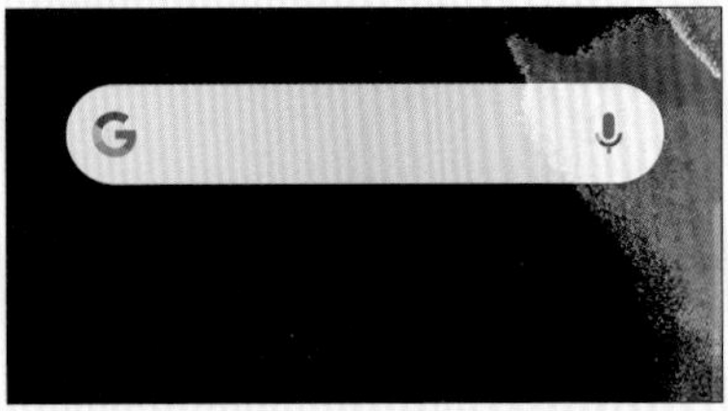

Chapter 4

Google のサービスを利用する

Section 30

Google Playでアプリを検索する

S21/S21 Ultraは、Google Playに公開されているアプリをインストールすることで、さまざまな機能を利用できます。まずは、目的のアプリを探す方法を解説します。

アプリを検索する

1 Google Playを利用するには、ホーム画面で<Playストア>をタップします。

2 利用規約が表示されたら、<同意する>をタップします。[Playストア]アプリが起動して、Google Playのトップページが表示されます。<アプリ>→<カテゴリ>をタップします。

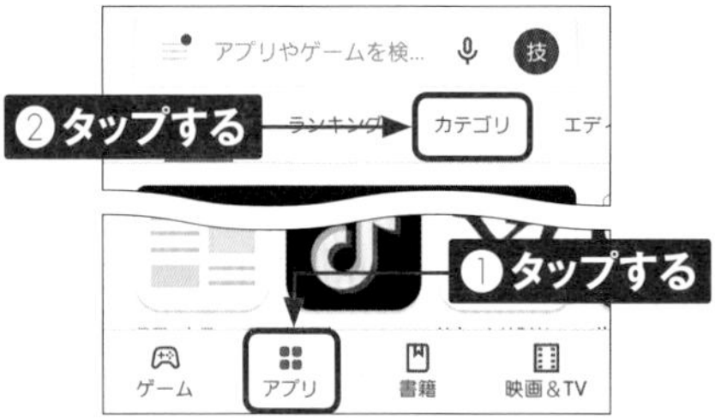

3 [アプリ]の[カテゴリ]画面が表示されます。上下にスワイプして、ジャンルを探します。

4 見たいジャンル(ここでは<エンタメ>)をタップします。

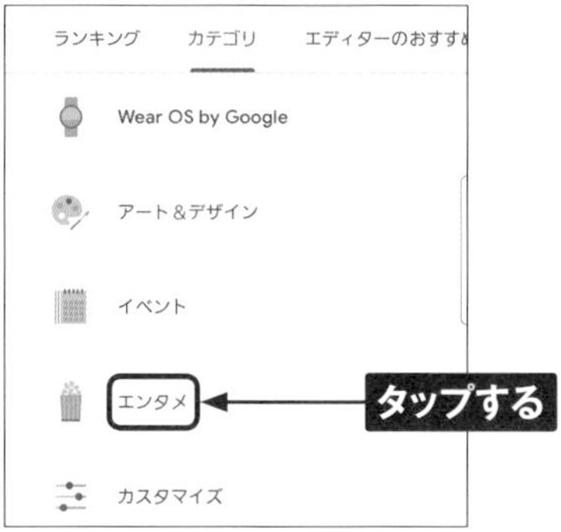

5 画面を上方向にスワイプして、<人気のエンタメアプリ（無料>をタップします。

6 無料アプリの人気ランキングが表示されます。画面上部の<無料>をタップすると、「売上トップ」や「人気（有料）」のランキングを表示することができます。

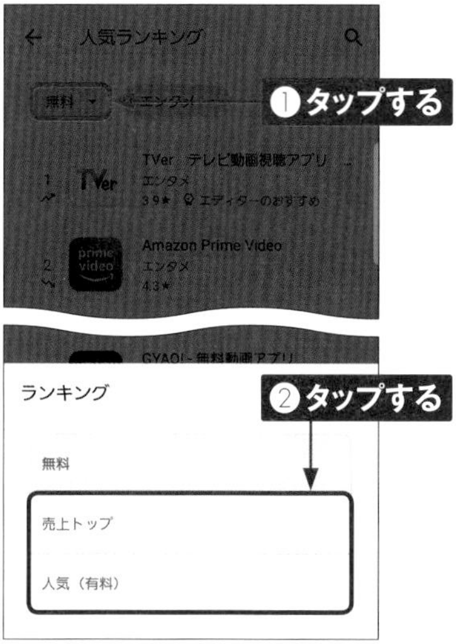

7 手順**5**の画面でアプリ名をタップすると、アプリの詳細な情報が表示されます。

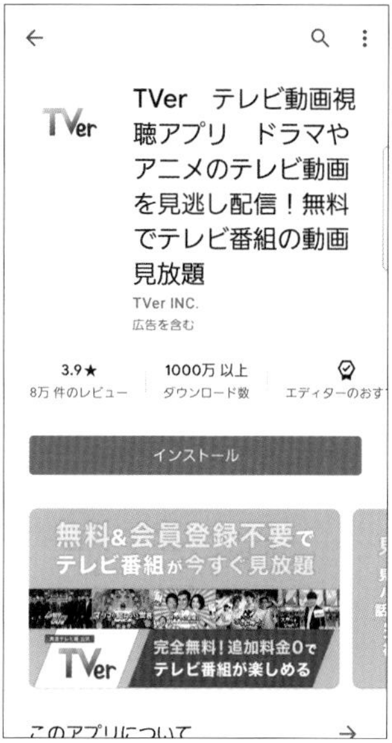

MEMO

キーワードで検索する

Google Playでは、キーワードからアプリを検索できます。検索機能を利用するには、画面上部にある検索ボックスや、をタップし、検索欄にキーワードを入力して、をタップします。

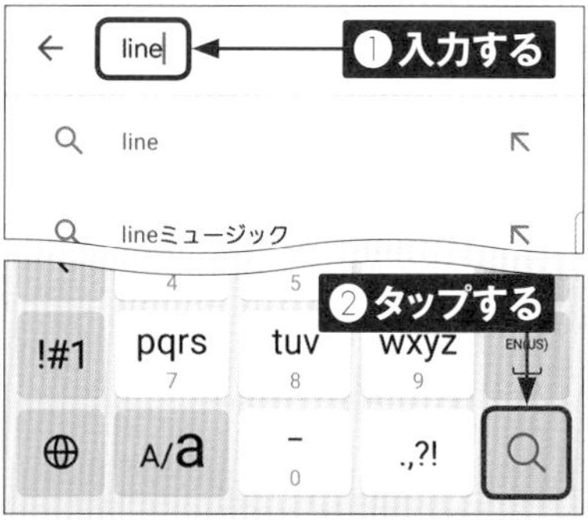

Section 31 アプリをインストールする／アンインストールする

Google Playで目的の無料アプリを見つけたら、インストールしてみましょう。 なお、不要になったアプリは、Google Playからアンインストール（削除）できます。

アプリをインストールする

1 Google Playでアプリの詳細画面を表示し（Sec.30参照）、＜インストール＞をタップします。

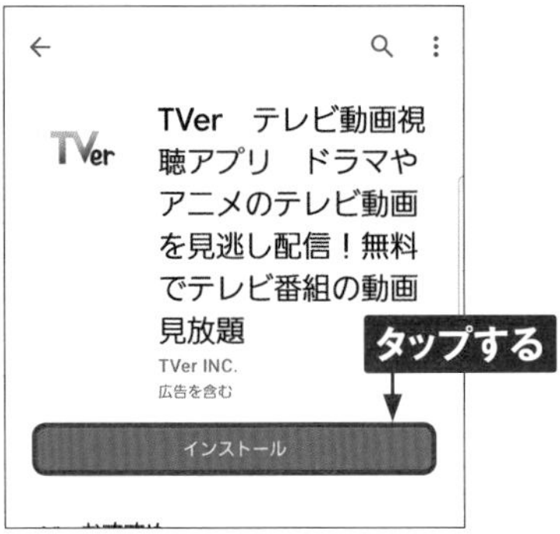

2 アプリのダウンロードとインストールが開始されます。

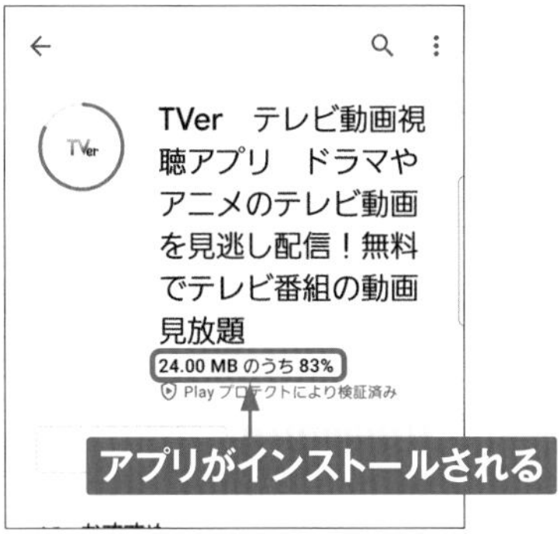

3 アプリを起動するには、インストール完了後、＜開く＞をタップするか、［アプリ一覧］画面に追加されたアイコンをタップします。

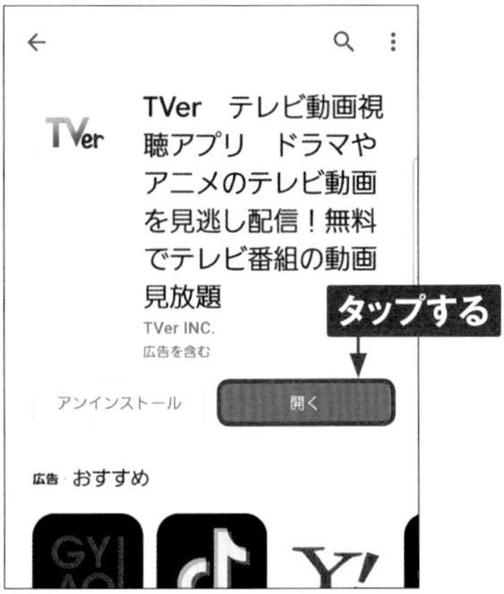

MEMO ［アカウント設定の完了］が表示されたら

手順**1**で＜インストール＞をタップしたあとに、［アカウント設定の完了］画面が表示される場合があります。その場合は、＜次へ＞→＜スキップ＞をタップすると、アプリのインストールを続けることができます。

アプリを更新する／アンインストールする

●アプリを更新する

1 P.82手順2の画面で、右上のユーザーアイコンをタップし、表示されるメニューの<マイアプリ&ゲーム>をタップします。

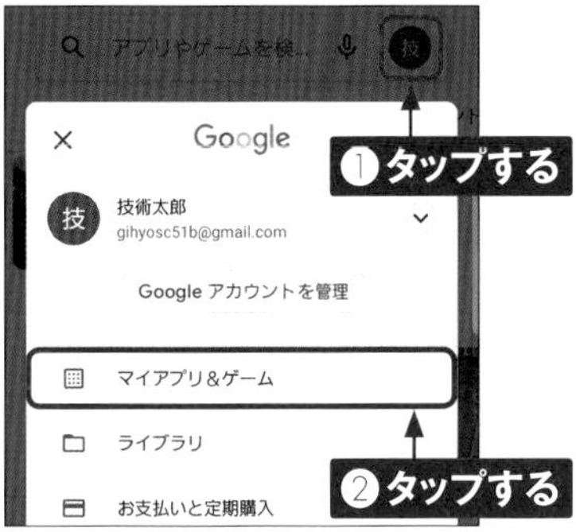

2 更新可能なアプリがある場合、[アップデート保留中] に一覧が表示されます。<すべて更新>をタップすると、一括で更新されます。

●アプリをアンインストールする

1 左側手順2の画面で画面を左方向にフリックして［インストール済み］を表示し、アンインストールしたいアプリ名をタップします。

2 アプリの詳細が表示されます。<アンインストール>をタップし、<アンインストール>をタップするとアンインストールされます。

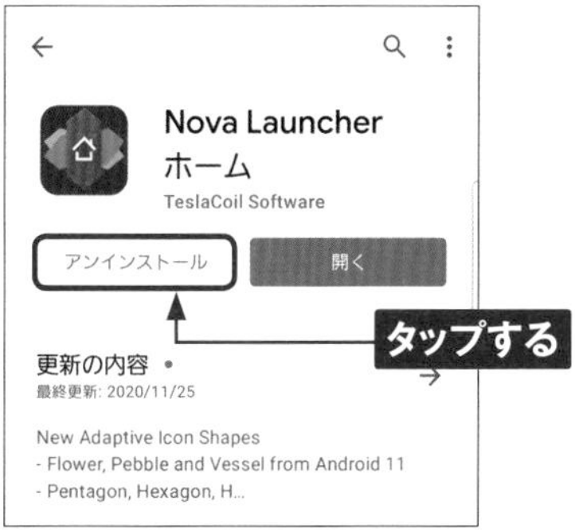

MEMO

アプリの自動更新を停止する

初期設定では、Wi-Fi接続時にアプリが自動更新されるようになっています。自動更新しないように設定するには、上記左側の手順1の画面で<設定>→<全般>→<アプリの自動更新>をタップし、<アプリを自動更新しない>→<完了>をタップします。

Section 32 有料アプリを購入する

有料アプリを購入する場合、「キャリアの決済サービス」など支払い方法が選べます。ここではクレジットカードを登録する方法を解説します。

クレジットカードで有料アプリを購入する

1 有料アプリを選択し、アプリの価格が表示されたボタンをタップします。

2 この画面が表示されたら、＜次へ＞をタップします。

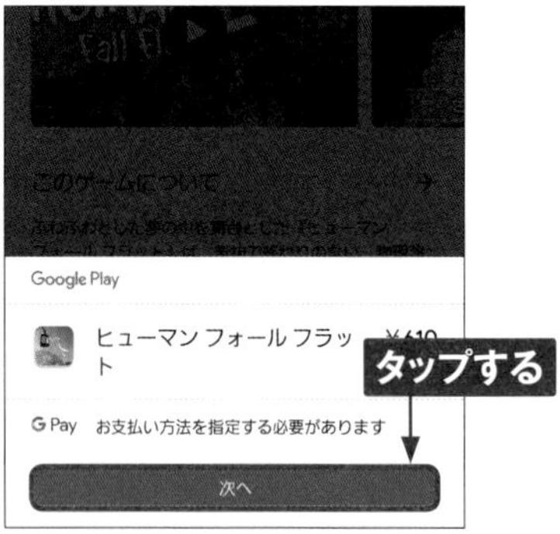

3 ＜カードを追加＞をタップします。

MEMO Google Playギフトカード

コンビニなどで販売されている「Google Playギフトカード」を利用すると、プリペイド方式でアプリを購入できます。クレジットカードを登録したくないときに使うと便利です。利用するには、手順3で＜コードの利用＞をタップするか、事前にP.85左側の手順1の画面で＜コードを利用＞をタップし、カードに記載されているコードを入力して＜コードを利用＞をタップします。

4 登録画面で［カード番号］と［有効期限］、［CVCコード］を入力します。

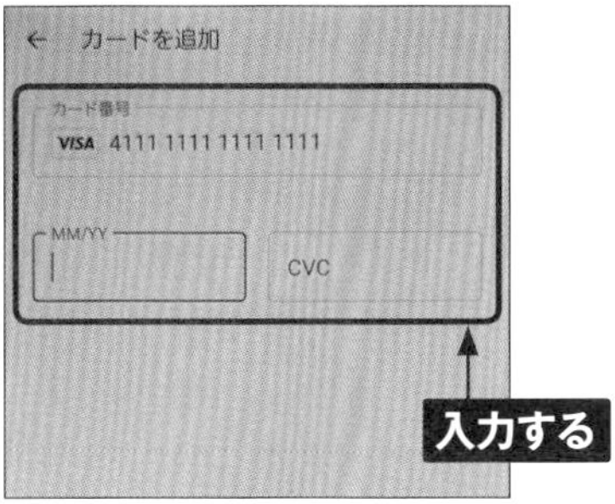

5 ［クレジットカード所有者の名前］、［国名］、［郵便番号］を入力し、<保存>をタップします。

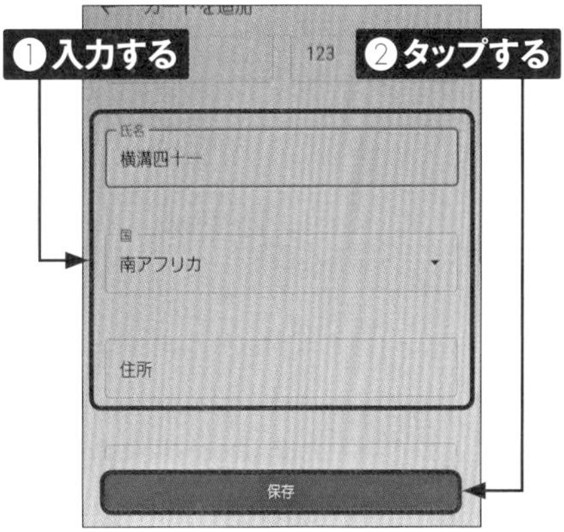

6 <1クリックで購入>をタップします。認証に関する画面が表示される場合があります。

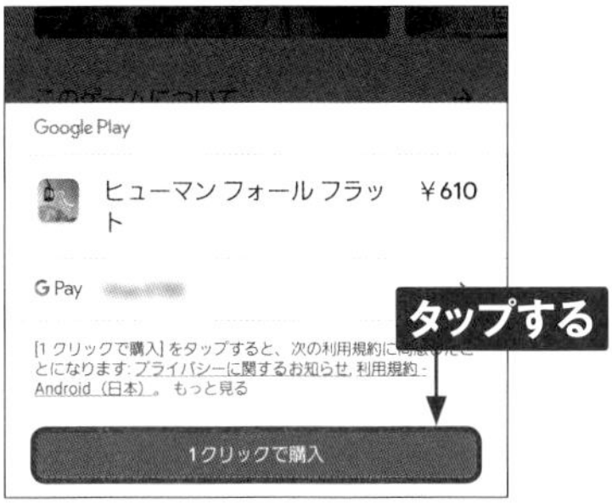

7 <OK>をタップすると、アプリのダウンロード、インストールが始まります。

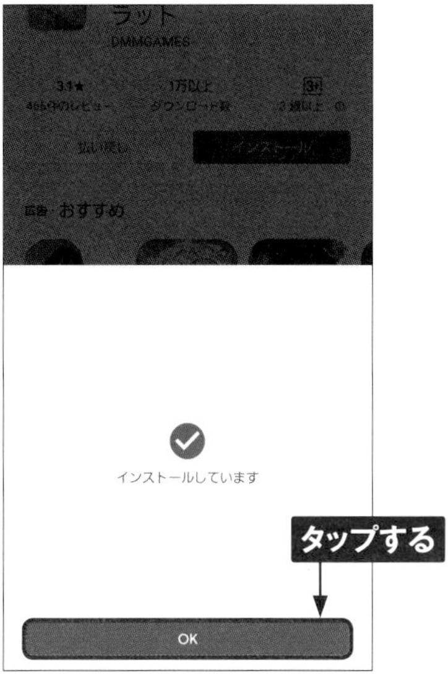

MEMO

購入したアプリを払い戻す

有料アプリは、購入してから2時間以内であれば、Google Playから返品して全額払い戻しを受けることができます。P.85右側の手順1～2を参考に購入したアプリの詳細画面を表示し、<払い戻し>をタップして、次の画面で<はい>をタップします。なお、払い戻しできるのは、1つのアプリにつき1回だけです。

4

Section 33

Googleアシスタントを利用する

S21/S21 Ultraでは、Googleの音声アシスタントサービス「Googleアシスタント」を利用できます。ホームボタンをロングタッチするだけで起動でき、音声でさまざまな操作をすることができます。

Googleアシスタントの利用を開始する

1 をロングタッチします。

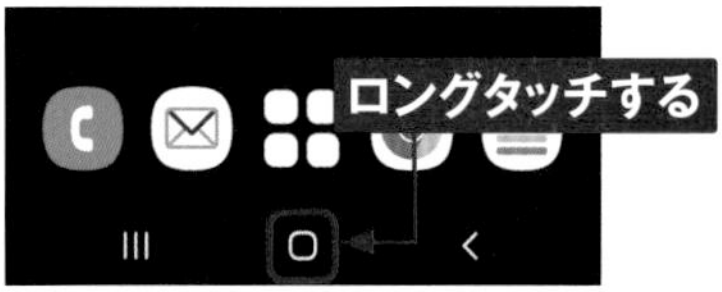
ロングタッチする

2 Googleアシスタントの開始画面が表示されます。

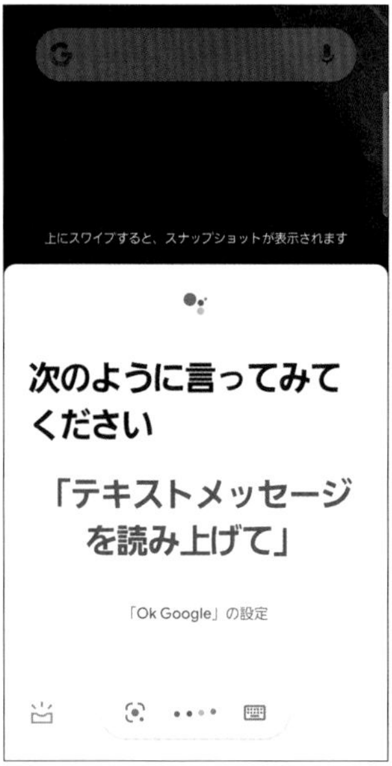
上にスワイプすると、スナップショットが表示されます
次のように言ってみてください
「テキストメッセージを読み上げて」
「Ok Google」の設定

3 Googleアシスタントが利用できるようになります（P.89参照）。

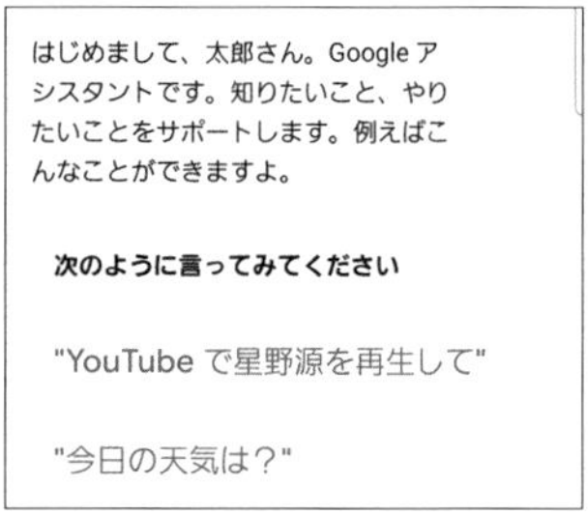
はじめまして、太郎さん。Google アシスタントです。知りたいこと、やりたいことをサポートします。例えばこんなことができますよ。
次のように言ってみてください
"YouTube で星野源を再生して"
"今日の天気は？"

MEMO

スリープ状態から利用する

スリープ状態から「OK Google」（オーケーグーグル）と発声して、Googleアシスタントを起動することができます。セキュリティロックを設定した状態で、アプリ一覧画面の<Google>をタップし、右下の<その他>→<設定>をタップします。<音声>をタップし、「OK GOOGLE」欄の<Voice Match>をタップし、<Ok Google>をタップして、画面の指示に従って有効にします。

Googleアシスタントへの問いかけ例

Googleアシスタントを利用すると、語句の検索だけでなく予定やリマインダーの設定、電話やメールの発信など、さまざまなことが、S21/S21 Ultraに話かけるだけでできます。まずは、「何ができる?」と聞いてみましょう。

タップして話しかける

●調べ物

「東京タワーの高さは?」
「ビヨンセの身長は?」

●スポーツ

「ガンバ大阪の試合はいつ?」
「セリーグの順位は?」

●経路案内

「最寄りのスーパーまでナビして」

●楽しいこと

「牛の鳴き声を教えて」
「コインを投げて」

MEMO

Googleアシスタントから直接利用できないアプリ

たとえば、Googleアシスタントで「○○さんにメールして」と話しかけると、[Gmail] アプリ（Sec.24参照）が起動し、ドコモの［ドコモメール］アプリ（Sec.20参照）は利用できません。このように、GoogleアシスタントではGoogleのアプリが優先され、一部のアプリはGoogleアシスタントからは直接利用できません。

Section 34 Googleマップを利用する

［マップ］アプリを利用すれば、現在地や行きたい場所までの道順を地図上に表示できます。なお、［マップ］アプリは頻繁に更新が行われるため、本書と表示内容が異なる場合があります。

マップを利用する準備を行う

1 ［アプリ一覧］画面を開いて、＜設定＞をタップします。

2 ＜位置情報＞をタップします。

3 ＜OFF＞になっている場合は、タップして＜ON＞にします。

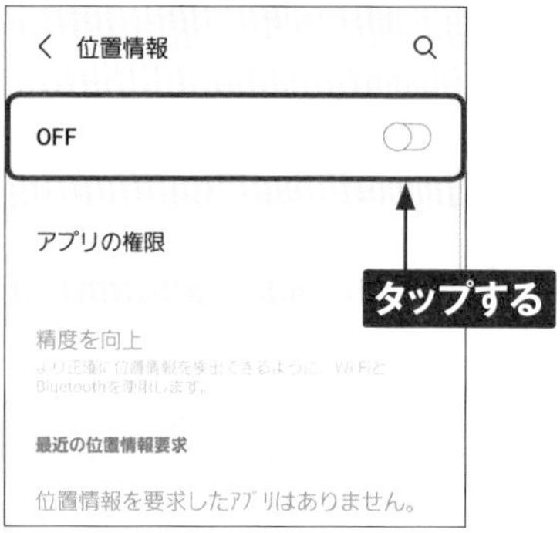

4 ＜同意する＞をタップすると、位置情報がONになります。

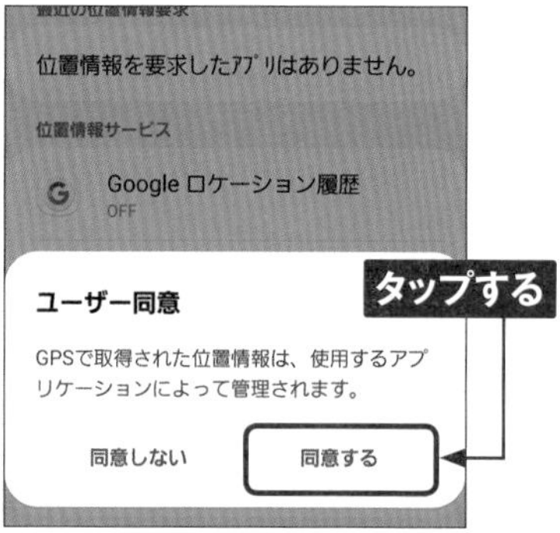

4

マップで現在地の情報を取得する

1 ホーム画面の<Google>フォルダを開いて、<マップ>をタップします。

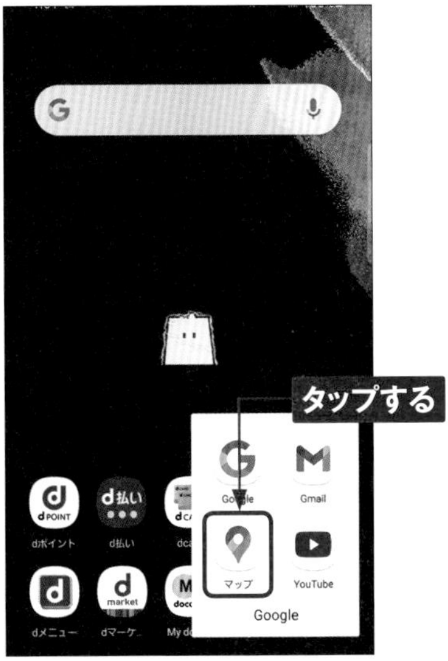

2 ガイドが表示されたら<OK>をタップします。現在地の表示が間違っている場合は、◎をタップすると、現在地が表示されます。現在地が表示されているときにタップすると、3D表示になります。

3 地図の拡大・縮小はピンチで行います。スライドすると表示位置を移動できます。

MEMO

位置情報の精度を高める

P.90手順3の画面で、<精度を向上>をタップします。画面のように「Wi-Fiスキャン」と「Bluetoothスキャン」が有効になっていると、Wi-FiやBluetooth情報からも位置情報を取得でき、位置情報の精度が向上します。

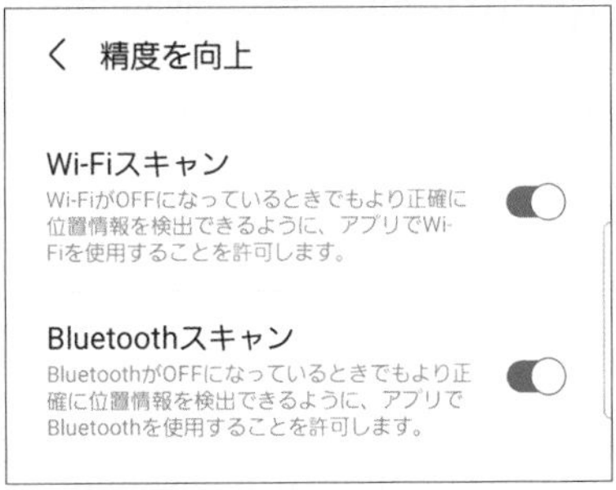

経路検索を使う

1 マップの利用中に＜経路＞をタップします。

2 移動手段（ここでは🚶）をタップします。入力欄の下段をタップします。なお、出発地を現在地から変更したい場合は、入力欄の上段をタップして入力します。

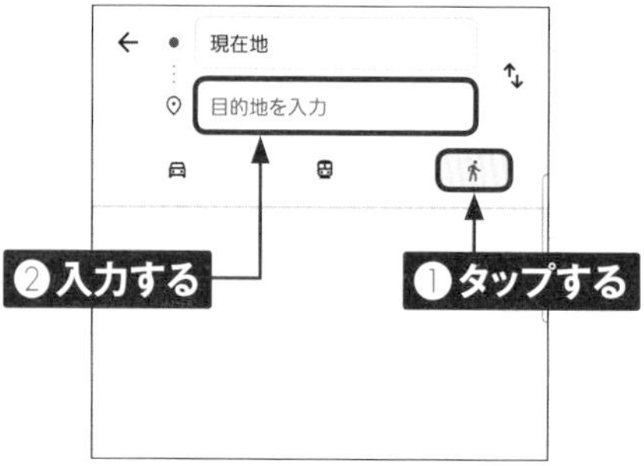

3 目的地を入力します。表示された候補、または🔍をタップします。

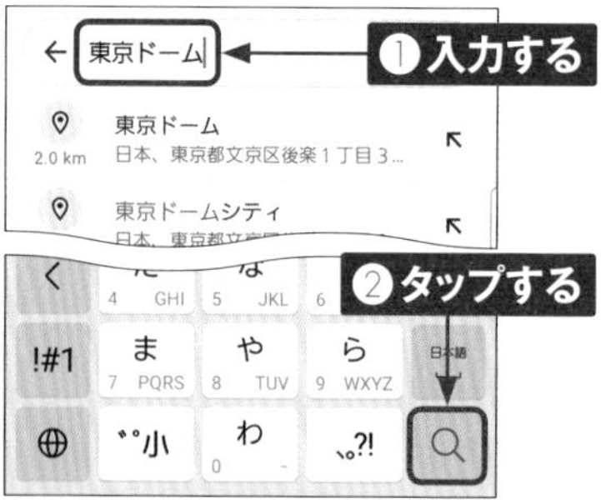

4 目的地までの経路が地図上に表示されます。下部の時間が表示された部分をタップします。

5 経路の一覧が表示されます。手順4の画面で＜ナビ開始＞をタップするとナビが起動します。< をタップすると、地図画面に戻ります。

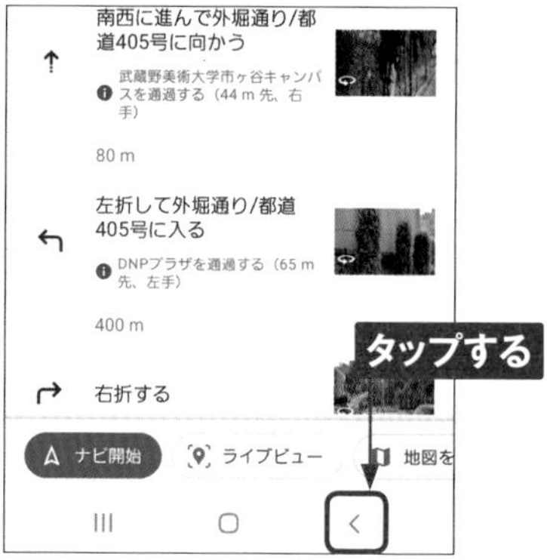

Chapter 5

ドコモのサービスを使いこなす

Application

Section 35

My docomoを利用する

[My docomo] では、契約内容の確認・変更などのサービスが利用できます。利用の際には、dアカウントのパスワード（Sec.11参照）が必要です。

契約情報を確認する

1 ホーム画面で<My docomo>をタップします。

2 [アプリで開く]画面が表示されたら、<Google Playストア>→<常時>をタップします。Google Playの画面が表示されるので、<更新>をタップします。[My docomo] アプリが更新されたら、<開く>をタップします。

3 許可に関する画面が表示されたら、<許可>をタップします。

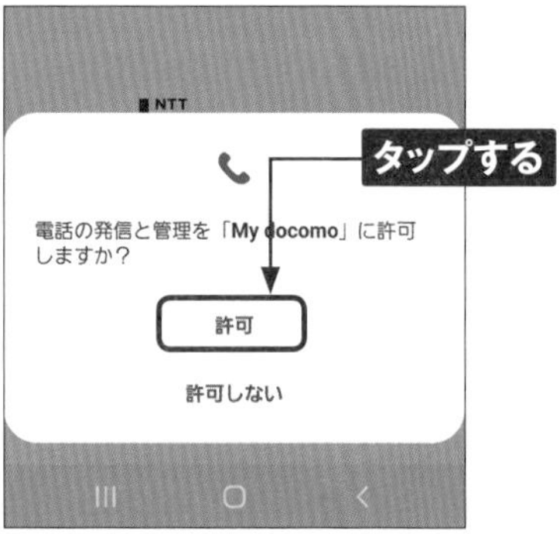

4 端末に登録されているdアカウントが表示されるので、<このdアカウントを設定する>をタップします。

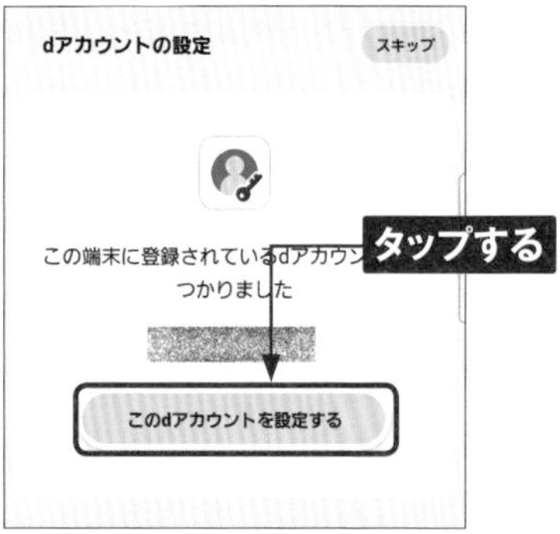

5 dアカウントのパスワードを入力します。

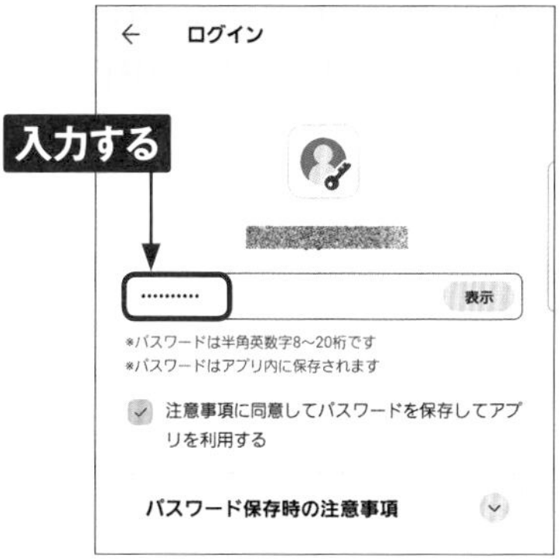

6 2段階認証を設定している場合は、ショートメッセージで送られてくる番号を入力し、<ログイン>をタップします。

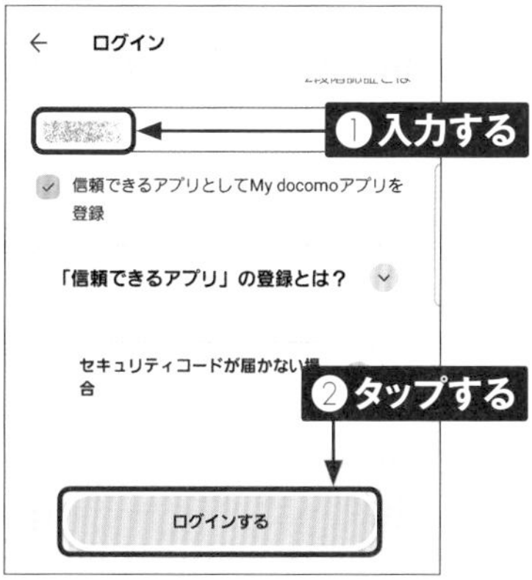

7 <OK>をタップします。

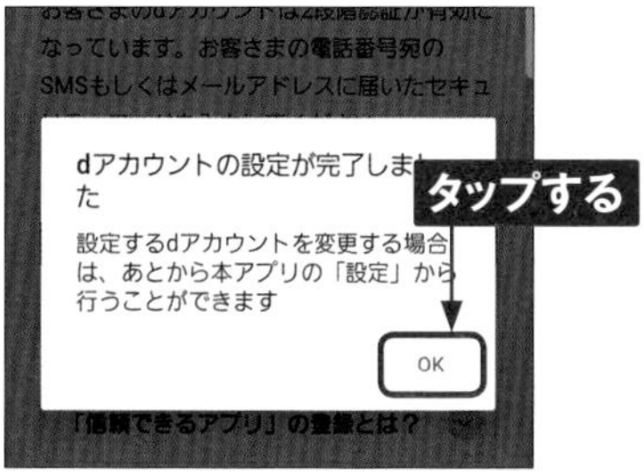

8 パスコードロック機能の紹介が表示されたら、ここでは<今はしない>をタップします。

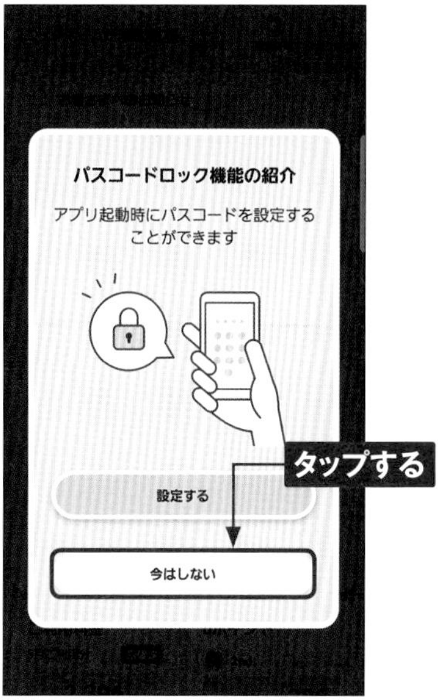

9 ［データ・料金］画面が表示され、「データ通信量」や「ご利用料金」などが表示されます。

Application

Section 36

スケジュールで予定を管理する

S21/S21 Ultraには2種類のスケジュールアプリが用意されています。このうち、ドコモが提供する［スケジュール］アプリを利用すると、ドコモの各種サービスと連携できます。

スケジュールを表示する

1 ［アプリ一覧］画面を開いて、<スケジュール>をタップします。

2 初回は「機能利用の許可」の説明が表示されます。<OK>をタップします。

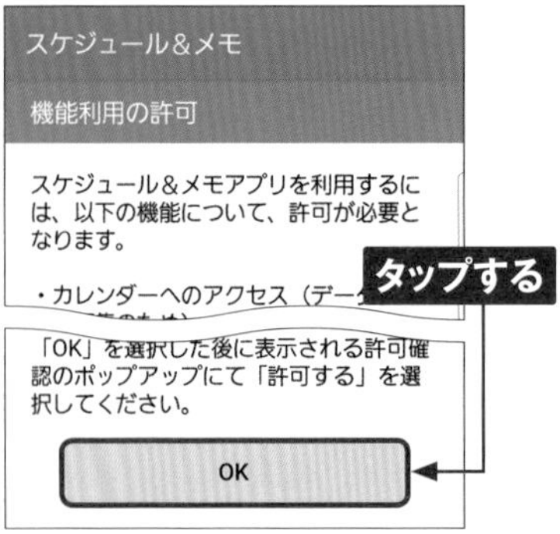

3 許可や許諾を求める画面がいくつか表示されるので、<許可><同意する>などをタップして進みます。クラウドサービスについての説明では、<後で設定する>をタップします。

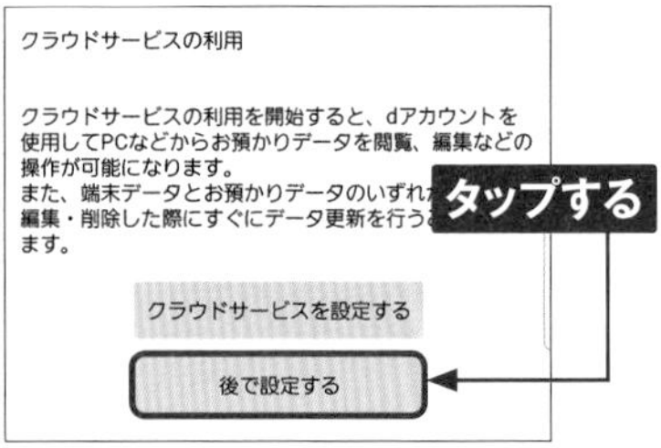

4 ［確認］画面が表示されたら、<OK>をタップすると、「スケジュール」の画面が表示されます。左右にスクロールすると、前月や翌月のカレンダーに切り替わります。

予定を追加する

1 P.96手順4の画面で、予定を登録したい日をロングタッチします。表示された画面で＜新規作成＞をタップします。

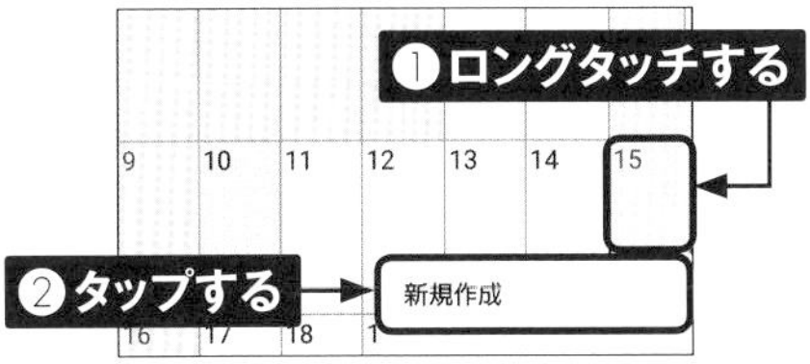

2 ［作成・編集］画面で、予定のタイトルと本文を入力します。［開始］の右端のスペースをタップします。

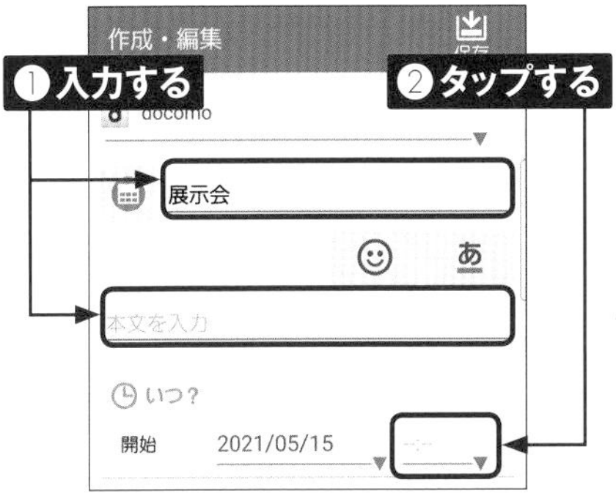

3 ＜午前＞または＜午後＞をタップし、予定の開始時刻をタップして設定して、＜OK＞をタップします。

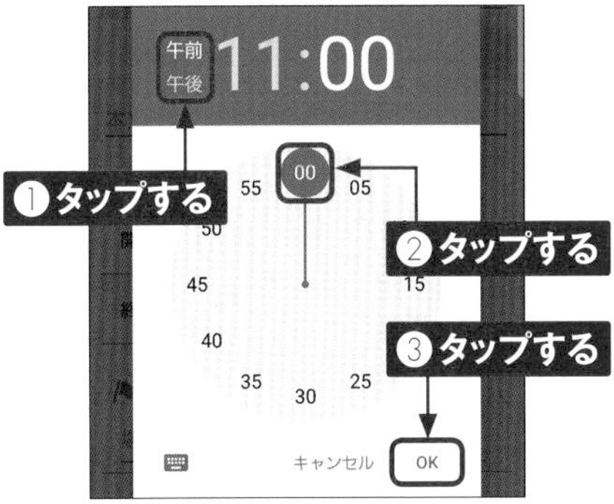

4 手順2の画面に戻ります。同様に［終了］の時刻を設定し、＜保存＞をタップします。

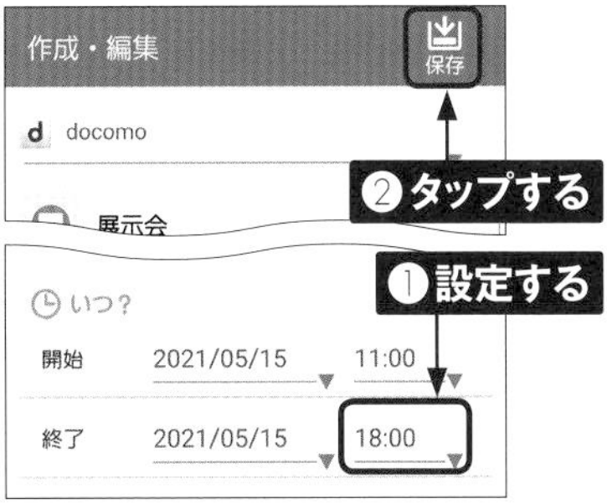

5 手順1の画面に戻り、予定を登録した日にはアイコンが表示されます。予定のある日をタップします。

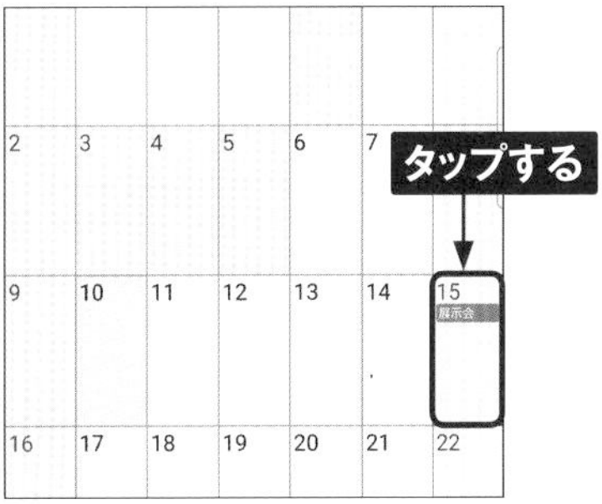

6 予定の一覧が表示されます。予定をタップすると、詳細を確認できます。

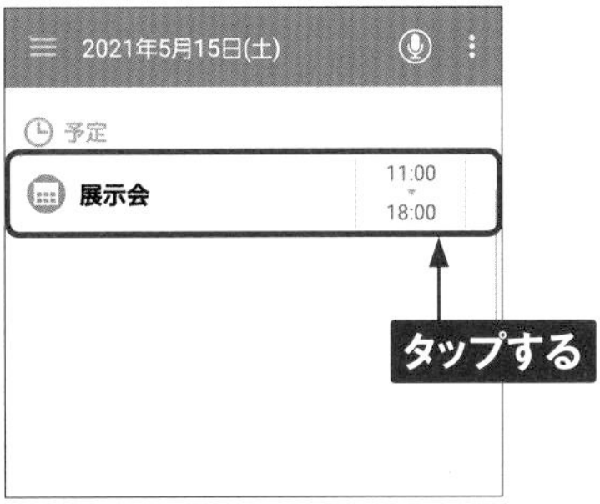

5

Application

Section 37

my daizを利用する

「my daiz」は、S21/S21 Ultraに話しかけるだけで情報を調べて教えてくれたり、操作してくれたりするドコモのAIアシスタントです。

5

my daizを準備する

1 ホーム画面でmy daizのキャラクターアイコンをタップします。

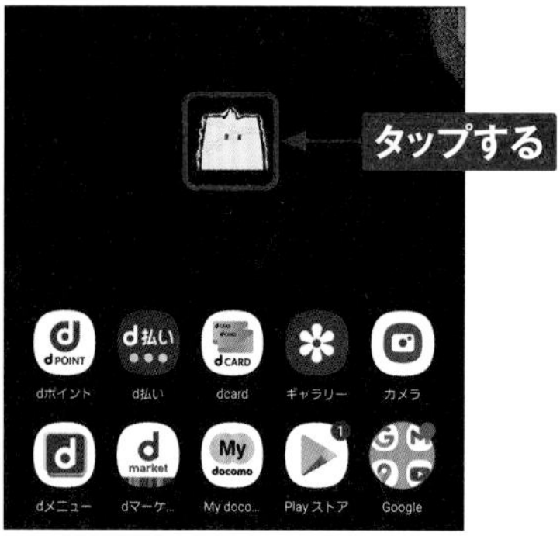

2 初回起動時は、許可に関する画面が表示されるので、<はじめる>→<次へ>をタップします。続いて、ファイルのアクセスや音声の録音などの許可を求める画面では<許可>をタップして進みます。

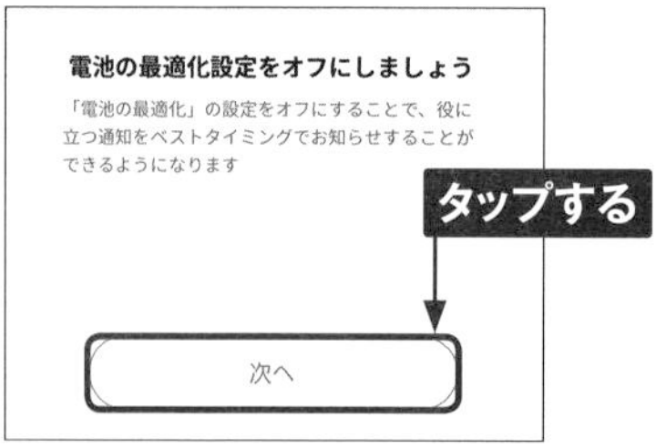

3 ［ご利用にあたって］画面が表示されたら、チェックを付けて、<同意する>をタップします。

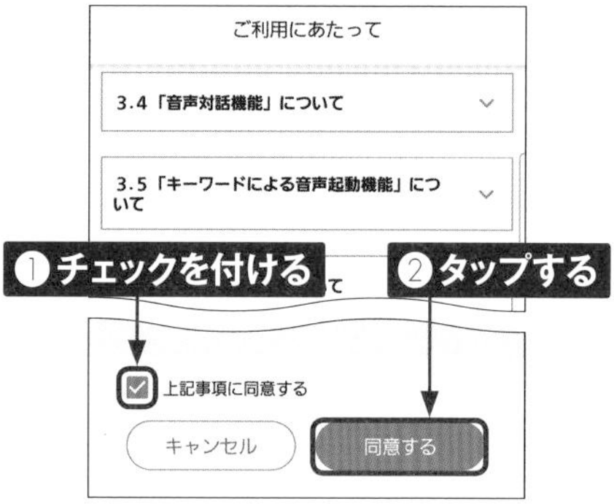

4 設定が完了します。

my daizを利用する

1 ホーム画面でmy daizのキャラクターアイコンをタップします。

2 mydaizの対話画面が開きます。

3 画面に向かって話しかけます。ここでは、「今日の天気は」と話します。

4 現在地の天気や気温が表示されます。そのほかにも、アラームをセットしたり、現在地周辺のカフェを探したりと、いろいろなことができるので試してみましょう。

MEMO

テキストを入力する

手順**2**の画面で<完了>をタップし、<テキストを入力>欄にテキストを入力して、キャラクターに指示することもできます。

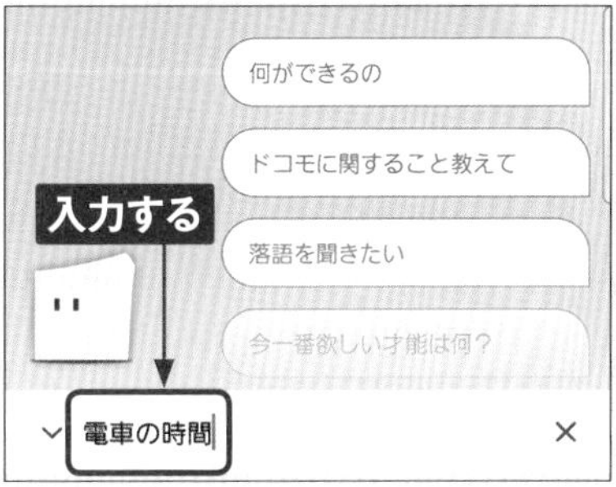

Section 38 マイマガジンでニュースを読む

マイマガジンは、自分で選んだジャンルのニュースや情報が自動で表示されるサービスです。読んだ記事の傾向などによって、より自分好みのニュースや情報が表示されるようになります。

好みのニュースを表示する

1 ホーム画面でをタップ、またはホーム画面を上方向にスワイプします。

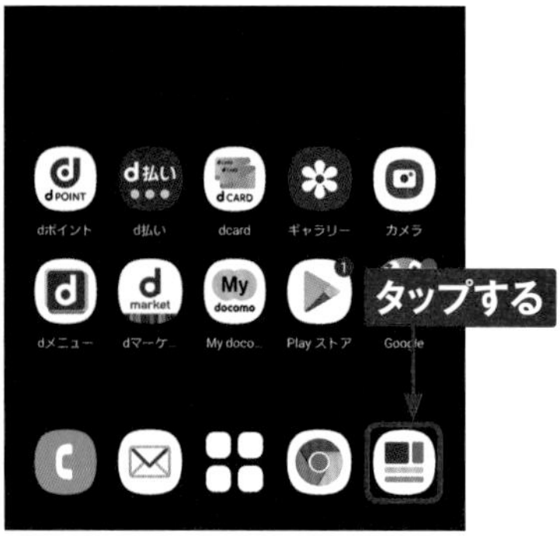

2 画面左上のをタップし、<表示ジャンル設定>をタップします。

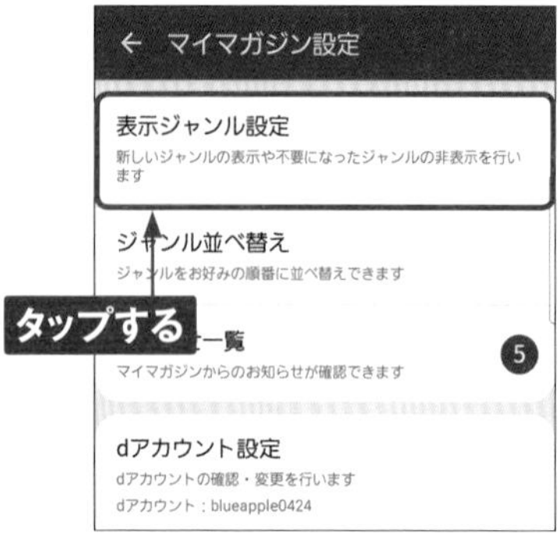

3 上方向にスクロールして、表示したいニュースのジャンルをタップしてチェックをオンにしますをタップします。

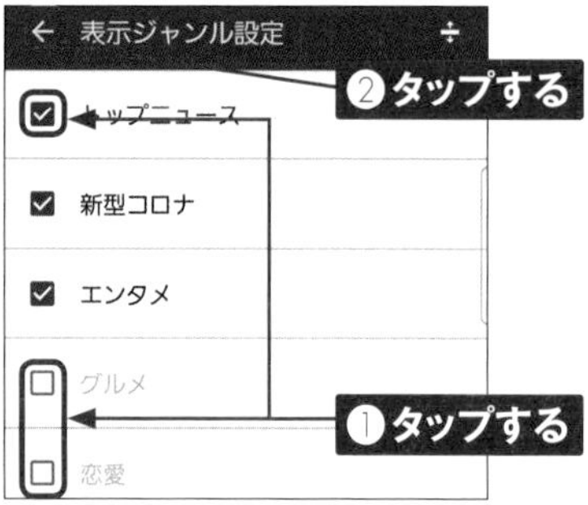

4 画面を左右にフリックして、ニュースのジャンルを切り替え、読みたい記事をタップします。

5 ニュースの概要が表示されます。画面を左右にフリックします。

6 同カテゴリー(ここでは「コロナ」)で、別の記事を閲覧することができます。<元記事サイトへ>をタップします。

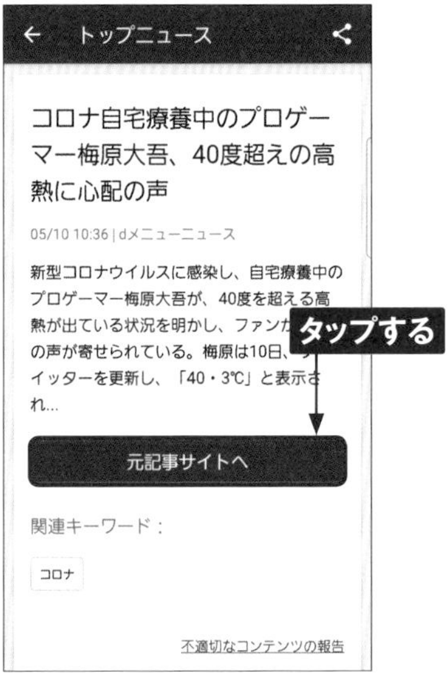

7 [ブラウザ]で元記事のWebページが表示され、全文を読むことができます。

MEMO

ニュースを共有する

気になるニュースは、メールやSMS、Twitterなどで共有することができます。共有したい記事を表示して共有アイコンをタップし、共有したいアプリを選択し、<1回のみ>もしくは<常時>をタップします。

5

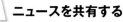

Section 39

スマホを振って操作する

S21/S21 Ultraは、スマホを振るなどの操作でアプリの起動（スリープ、ロック画面、通話中以外）や電話の操作ができる、ドコモのスグアプ・スグ電機能を利用することができます。

スグアプを設定する

1 ［アプリ一覧］画面で、＜設定＞をタップします。

2 ＜ドコモのサービス/クラウド＞をタップします。

3 ＜すぐアプ設定＞をタップします。

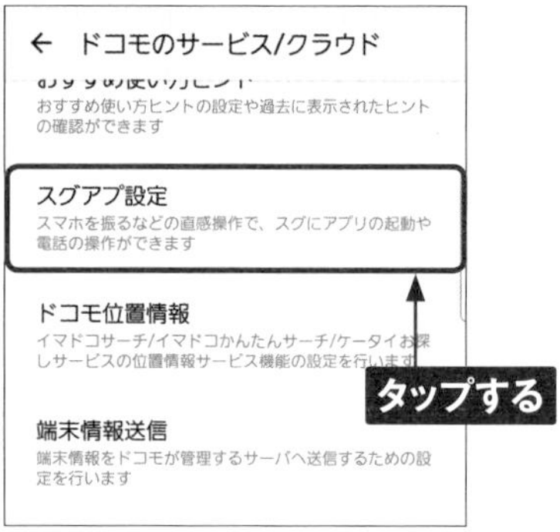

4 ＜スグアプ設定を行う＞→＜同意して利用開始＞をタップします。

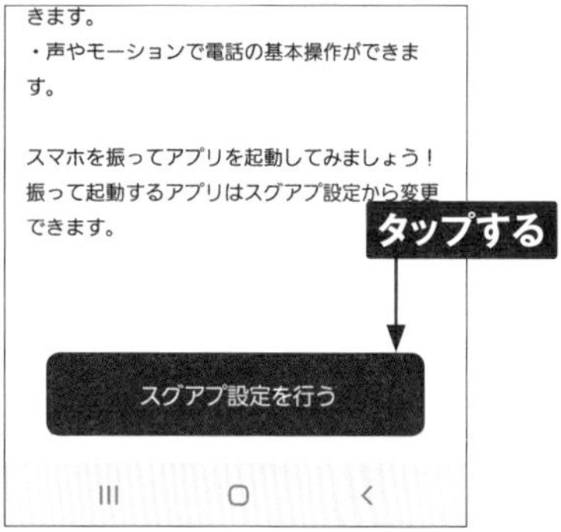

5 ［スグアプ設定］画面が表示されます。「アプリ1」は本体を1回振ることで起動できるアプリで、標準では［d払い］アプリが登録されています。ここでは2回振ることで起動できる<アプリ2>をタップします。

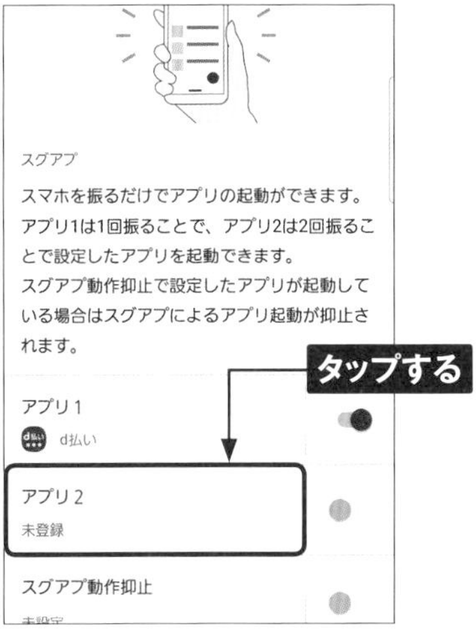

6 スグアプで利用できるアプリが一覧表示されるので、画面を上下にスワイプし、スグアプに登録したいアプリ（ここでは<PayPay>）をタップします。

7 「アプリ2」に［PayPay］アプリが登録されます。<OFF>をタップします。

8 これで本体を2回振ると、［PayPay］アプリが起動できるようになります。別のアプリに変更したい場合は、手順5～6の操作を行います。

MEMO

スグ電の機能

手順5の画面で<スグ電設定>をタップすると、電話の応答や切断、発信などがモーションや音声で操作できる「スグ電」を設定することができます。

Application

Section 40

ドコモのアプリをアップデートする

ドコモの各種サービスを利用するためのアプリは、設定画面からインストールしたり、アップデートしたりすることができます。 ここでは、 アプリをアップデートする手順を紹介します。

5

ドコモアプリをアップデートする

1 ［設定］ 画面で＜ドコモのサービス／クラウド＞をタップします。

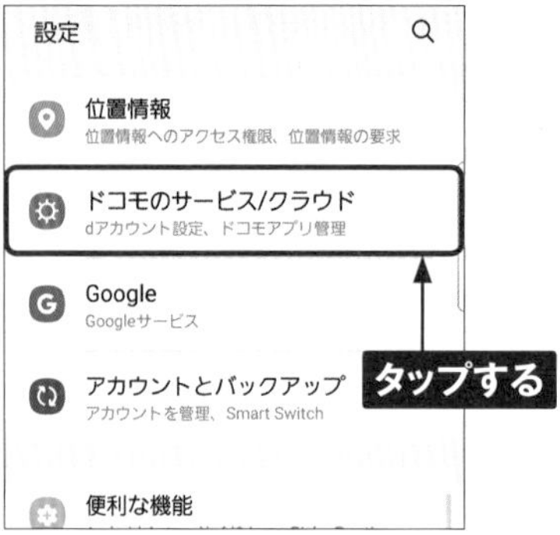

2 ＜ドコモアプリ管理＞をタップします。

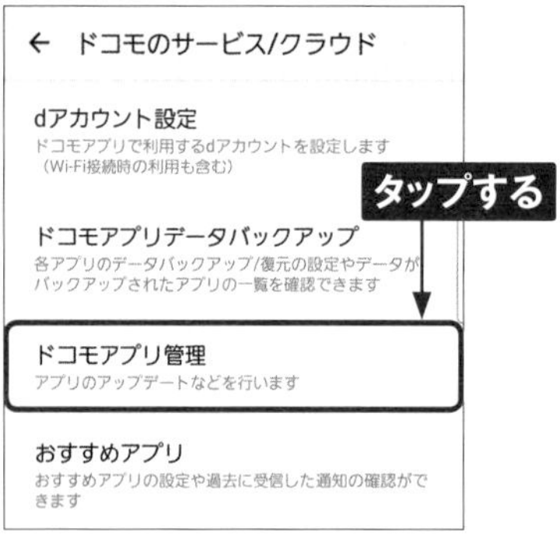

3 個別にアップデートしたい場合は、一覧からアプリ（ここでは＜d払い＞）をタップします。

4 ＜アップデート＞をタップすると、アップデートが行われます。

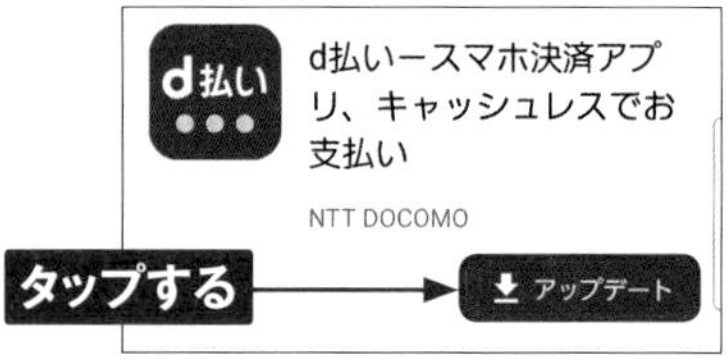

MEMO

ステータスバーへの通知

ステータスバーに「アップデートがあります。」という通知が表示されたときは、通知パネルで通知をタップすると、手順3の画面が表示され、アップデートができます。

Chapter 6

便利な機能を使ってみる

Section 41

おサイフケータイを設定する

S21/S21 Ultraはおサイフケータイ機能を搭載しています。電子マネーの楽天Edyをはじめ、さまざまなサービスに対応しています。

おサイフケータイの初期設定を行う

1 ［アプリ一覧］画面を開いて、＜おサイフケータイ＞をタップします。

2 初回起動時はアプリの案内が表示されるので、＜次へ＞をタップします。続けて、利用規約が表示されるので、同意項目をタップしてチェックを付け、＜次へ＞をタップします。

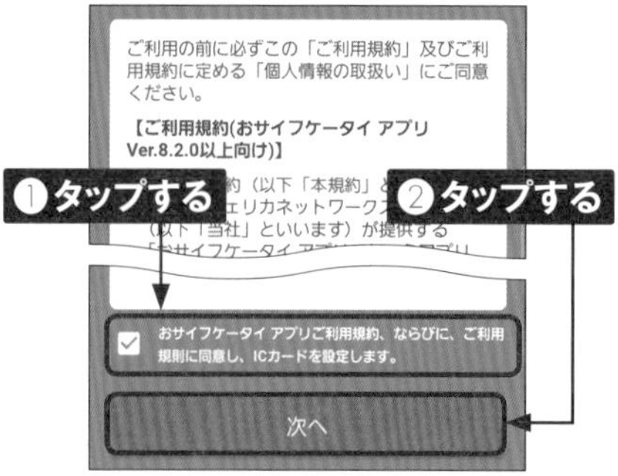

3 Googleアカウントの連携についての画面で＜次へ＞→＜ログインはあとで＞をタップします。

4 ICカードの残高読み取り機能についての画面、キャンペーンの配信についての画面でも＜次へ＞をタップします。

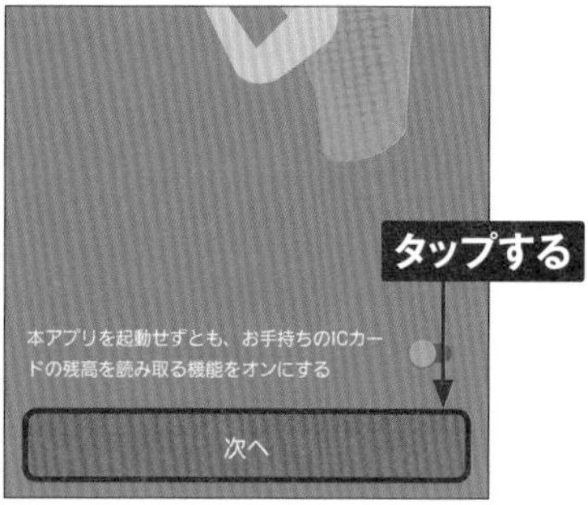

5 サービスの一覧が表示されます。ここでは、<楽天Edy>をタップします。

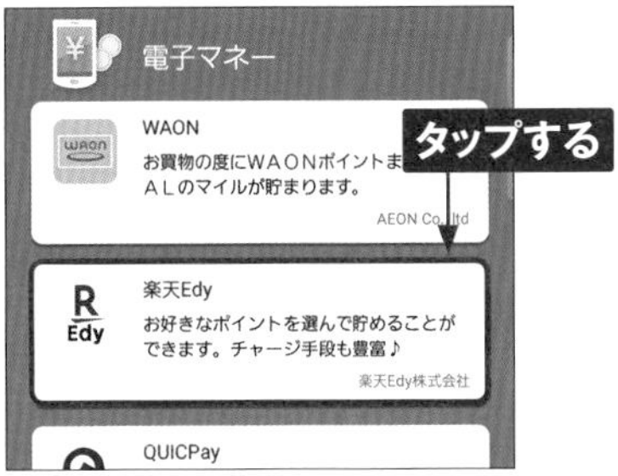

6 詳細が表示されるので、<サイトへ接続>をタップします。

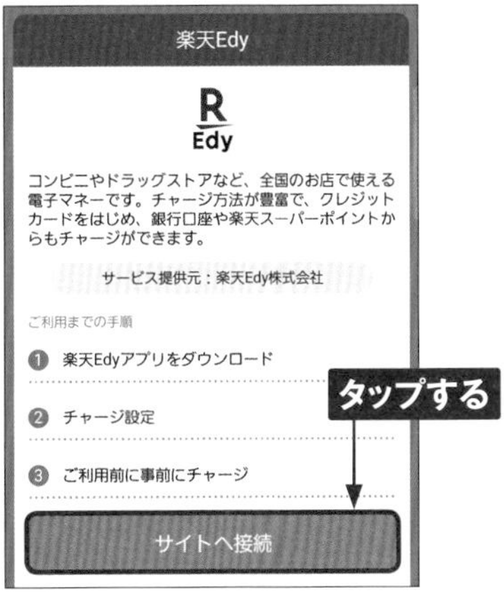

7 ［アプリで開く］画面が表示された場合は、<Chrome>と<Google Playストア>→<常時>をタップします。

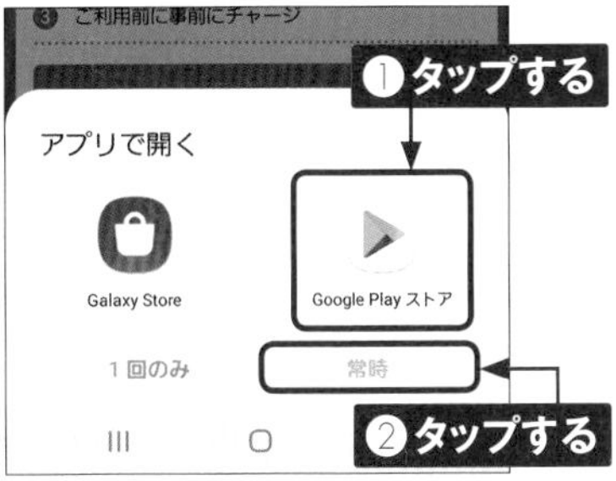

8 ［Playストア］アプリの画面が表示されます。<インストール>をタップします。

9 インストールが完了したら、<開く>をタップします。

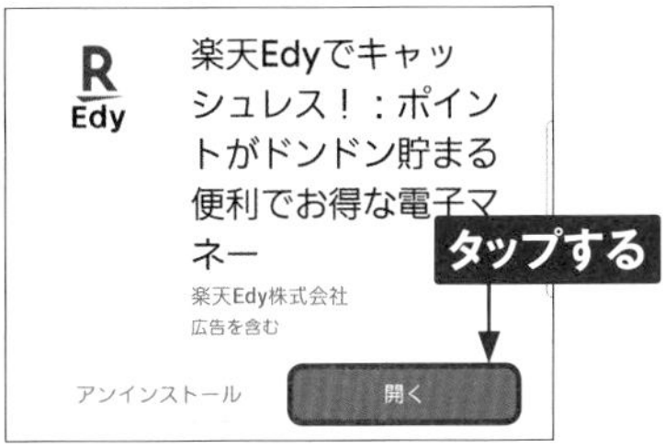

10 ［楽天Edy］アプリの初期設定画面が表示されます。画面の指示に従って初期設定を行います。

Section 42

アラームをセットする

S21/S21 Ultraの［時計］アプリでは、アラーム機能を利用できます。また、世界時計やストップウォッチ、タイマーとしての機能も備えています。

アラームで設定した時間に通知させる

1 ［アプリ一覧］画面で、＜時計＞をタップします。

2 アラームを設定する場合は、＜アラーム＞をタップして、＋をタップします。

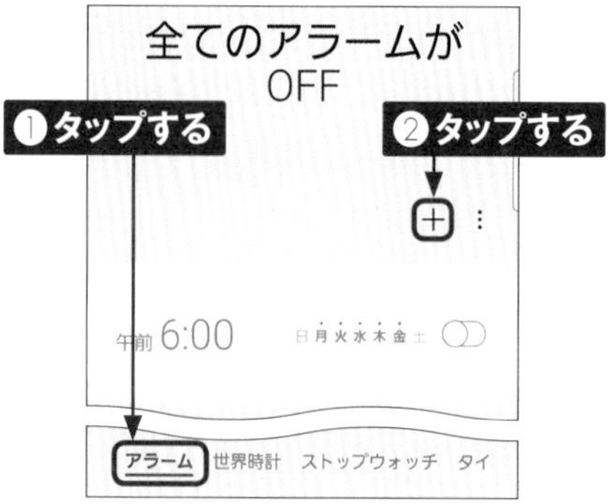

3 ＜午前＞と＜午後＞をタップして選択し、時刻をスワイプして設定します。をタップします。

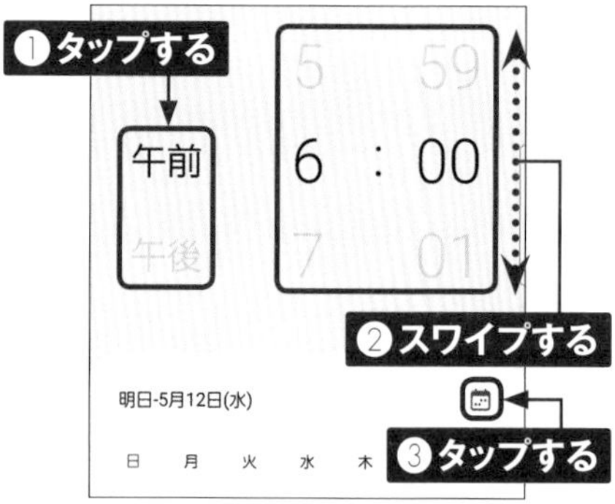

4 標準では翌日が設定されていますが、日付を変更することができます。設定したい日付をタップして、＜完了＞をタップします。

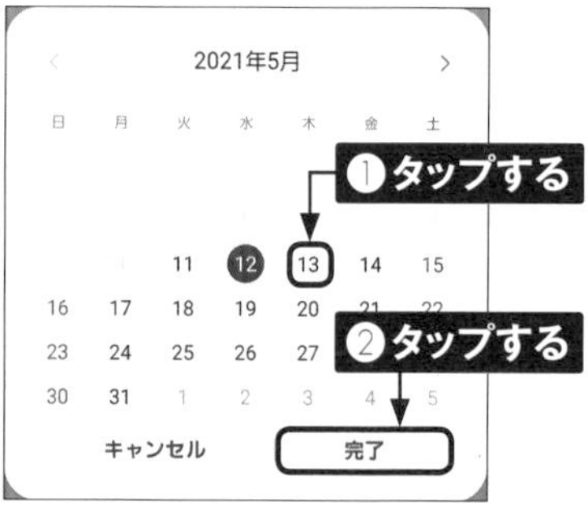

5 <保存>をタップします。

6 アラームが有効になります。アラームの右のスイッチをタップしてオン／オフを切り替えられます。アラームを削除するときは、ロングタッチします。

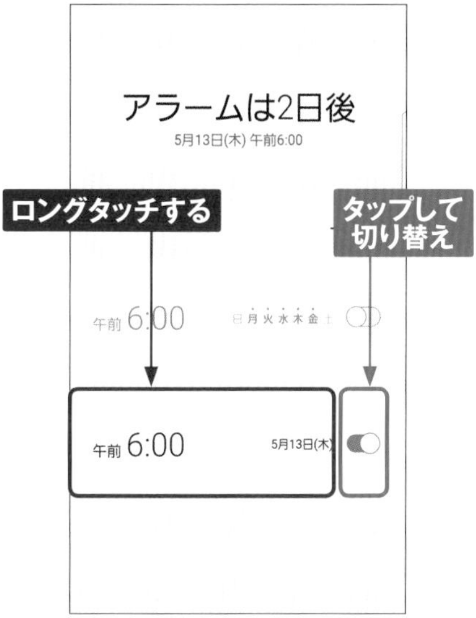

7 削除したいアラームにチェックが付いていることを確認して、<削除>をタップします。

MEMO

アラームを解除する

スリープ状態でアラームが鳴ると、以下のような画面が表示されます。アラームを解除する場合は、×をいずれかの方向にドラッグします。

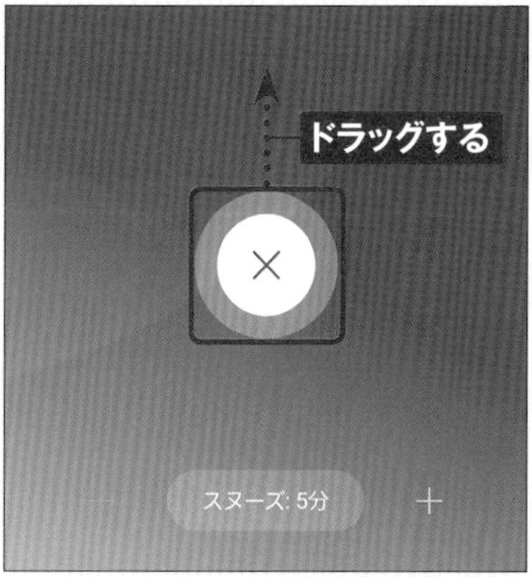

Section 43 パソコンから音楽・写真・動画を取り込む

S21/S21 UltraはUSB Type-Cケーブルでパソコンと接続して、本体メモリーにパソコン上の各種データを転送することができます。お気に入りの音楽や写真、動画を取り込みましょう。

パソコンとS21/S21 Ultraを接続してデータを転送する

1 パソコンとS21/S21 UltraをUSB Type-Cケーブルで接続します。自動で接続設定が行われます。S21/S21 Ultraに許可画面が表示されたら、<許可>をタップします。パソコンでエクスプローラーを開き、<Galaxy S21 5G>、または<Galaxy S21 Ultra 5G>をクリックします。

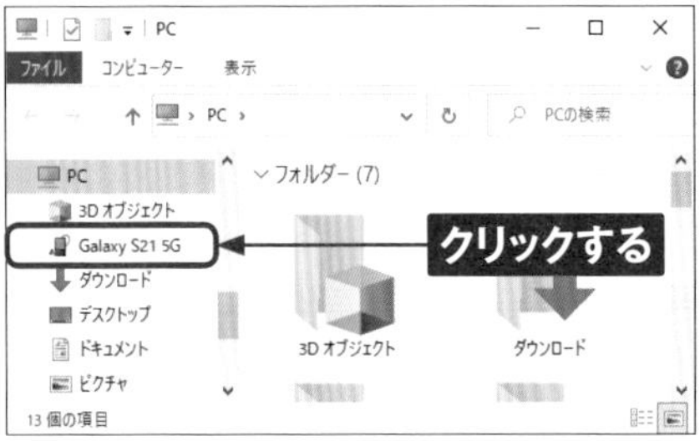

2 本体メモリーを示す<Phone>をダブルクリックします。

3 本体に保存されているファイルが表示されます。ここでは、フォルダを作ってデータを転送します。右クリックして、<新規フォルダー>をクリックします。

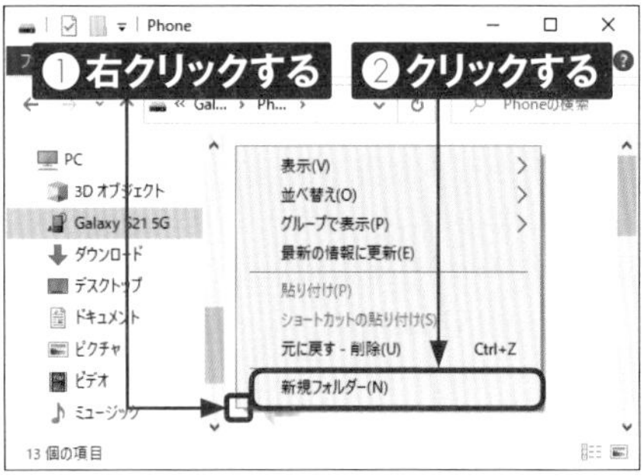

4 フォルダが作成されるので、フォルダ名を入力します。

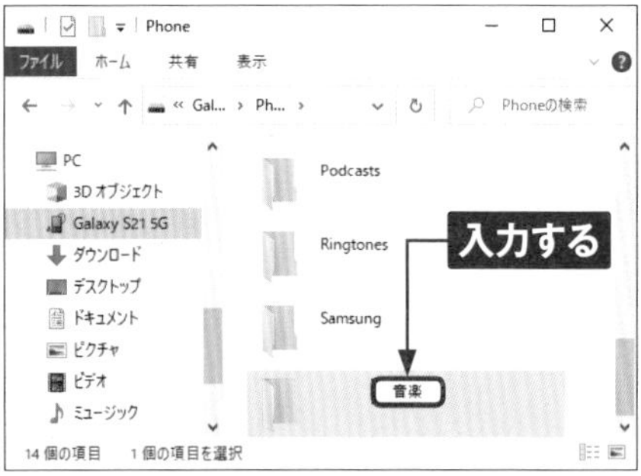

5 フォルダ名を入力したら、フォルダをダブルクリックします。

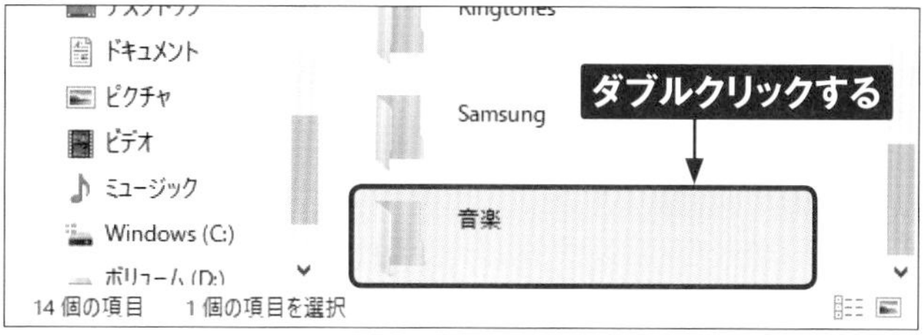

6 転送したいデータが入っているパソコンのフォルダを開き、ドラッグ&ドロップで転送したいファイルをコピーします。なお、フォルダを直接ドラッグ&ドロップでコピーすることもできます。

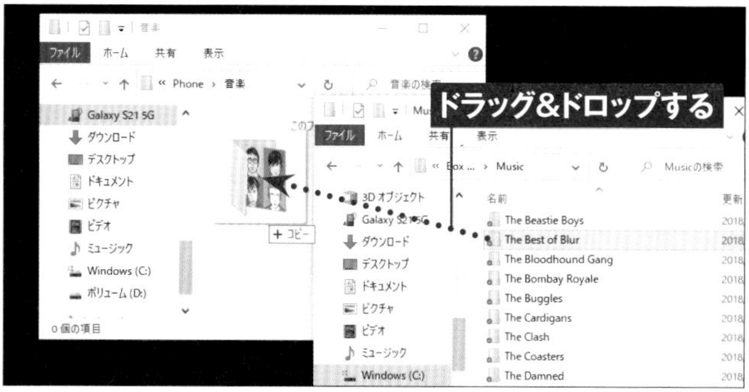

7 ファイルをコピー後、S21/S21 Ultraの<マイファイル>からカテゴリにある<オーディオ>をタップすると、コピーしたファイルが読み込まれて表示されます。ここでは音楽ファイルをコピーしましたが、写真ファイルも同じ方法で転送できます。

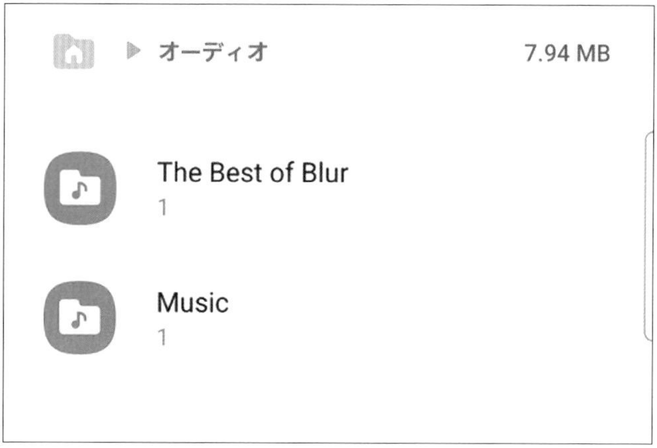

MEMO

USB設定

P.110手順**1**の画面で、「Galaxy S21 5G」または「Galaxy S21 Ultra 5G」が表示されない場合、USB設定がファイル転送になっていない可能性があります。通知パネルを表示し、最下部の<Androidシステム>をタップして開き、[USB設定]画面で、<ファイルを転送/Android Auto>以外が選択されていたら、<ファイルを転送/Android Auto>をタップして選択しましょう。

Section 44

本体内の音楽を聴く

本体内に転送した音楽ファイル（Sec.43参照）は、［YT Music］アプリを利用して再生することができます。なお、［YT Music］アプリは、ストリーミング音楽再生アプリとしても利用可能です。

本体内の音楽ファイルを再生する

1 ［アプリ一覧］画面を開き、＜YT Music＞をタップします。

2 初回は「ログイン」画面が表示されますが、既にGoogleアカウントを設定していれば（Sec.10参照）、自動的にログインされます。この後、画面の指示に従って操作します。

3 ［YT Music］アプリのホーム画面が表示されたら、＜ライブラリ＞をタップします。

4 ［ライブラリ］画面が表示されます。ここでは、＜アルバム＞をタップします。

5 この画面が表示されるので、<許可>をタップします。これで、[YT Music] アプリから、本体内の音楽を参照・再生することができるようになります。

6 <デバイスのファイル>をタップします。

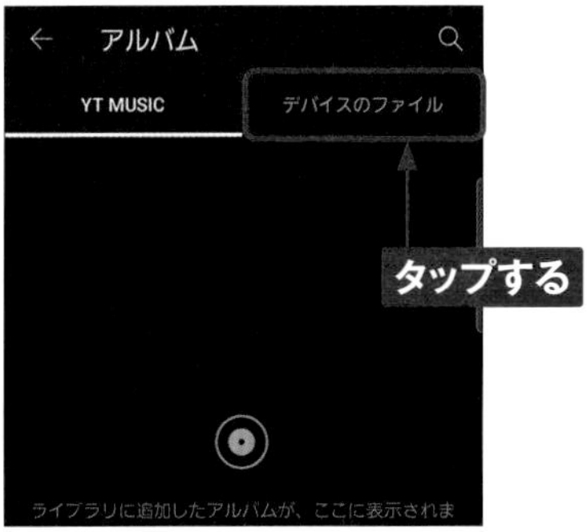

7 本体内の曲や曲が入ったフォルダが、表示されます。再生したい曲をタップします。

8 <再生>をタップします。

9 音楽が再生されます。

Application

Section 45
写真や動画を撮影する

S21/S21 Ultraには、高性能なカメラが搭載されています。さまざまなシーンで自動で最適の写真や動画が撮れるほか、モードや、設定を変更することで、自分好みの撮影ができます。

写真や動画を撮る

1 ホーム画面で◎をタップするか、サイドキーを素早く2回押します。位置情報についての確認画面が表示されます。

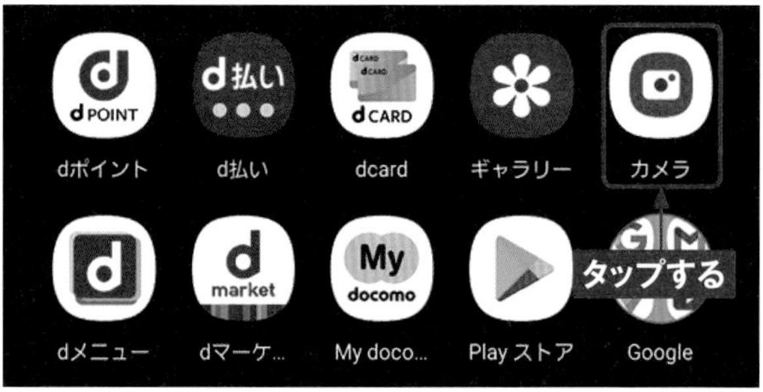

2 写真を撮るときは、カメラが起動したらピントを合わせたい場所をタップして、◯をタップすると、写真が撮影できます。また、ロングタッチで動画撮影、USB端子側にスワイプして押したままにすることで、連続撮影ができます。

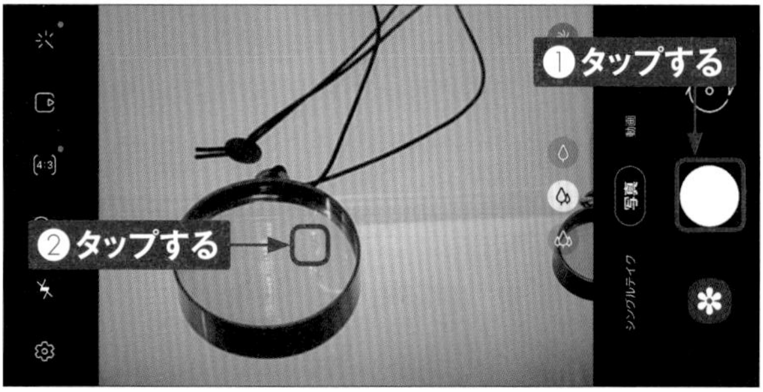

3 撮影した後、プレビュー縮小表示をタップすると、撮った写真を確認することができます。画面を左右（横向き時。縦向き時は上下）にスワイプすると、リアカメラとフロントカメラを切り替えることができます。

4 動画を撮影したいときは、画面を下方向（横向き時。縦向き時は左）にスワイプするか、＜動画＞をタップします。

5 動画撮影モードになります。動画撮影を開始する場合は、●をタップします。

6 動画の撮影が始まり、撮影時間が画面下部に表示されます。また、オートフォーカス時は、画面をタップすると、ピントの位置を移動することができます。撮影を終了するときは、■をタップします。

7 撮影が終了します。写真撮影モードに戻す場合は、画面を上方向（横向き時。縦向き時は右）にスワイプするか、＜写真＞をタップします。

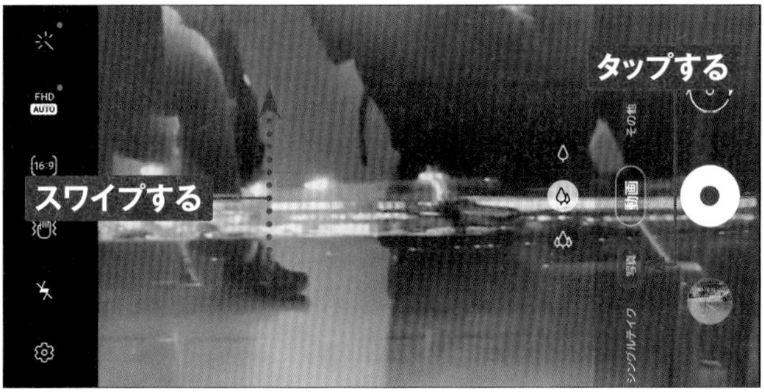

撮影画面の見かた

※S21 Ultra写真撮影時初期状態

❶	設定（P.119参照）
❷	フラッシュ設定
❸	タイマー
❹	縦横比／高解像度撮影
❺	モーションフォト
❻	フィルター
❼	カメラの切り替え

❽	シーン別に最適化
❾	カメラモードの切り替え（P.118参照）
❿	サムネイル
⓫	シャッター（静止画撮影）ボタン
⓬	フロントカメラ／リアカメラの切り替え
⓭	フォーカスエンハンサー（S21 Ultraのみ）

リアカメラを切り替えて撮影する

1 カメラを起動すると、標準ではリアカメラの広角カメラが選択されています。ここでは、をタップします。

2 超広角カメラに切り替わります。同様に他のアイコンをタップすることで、カメラを切り替えることができます。S21では3つのカメラ、S21 Ultraでは4つのカメラを切り替えることができます。

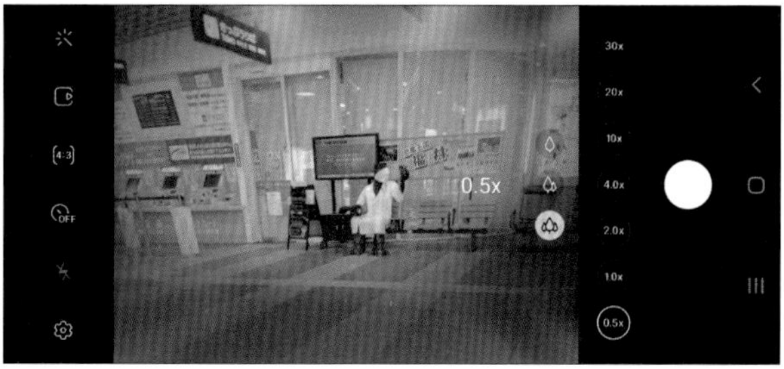

3 画面をピンチアウトすると、ズームで拡大します。右側に表示された目盛りをドラッグしたり、倍率の数字をタップして、ズームの度合いを変更することもできます。

MEMO

ズームとカメラの切り替えについて

S21では3つのカメラ、S21Ultraでは4つのカメラを選択することができます。ズームをすることで、これらのカメラを動的に切り替えていますが、手順3で倍率アイコンやスライダーをタップすると、カメラ以外の倍率も選択することができます。その場合は、たとえば広角カメラの中央部分を切り出して拡大するデジタル処理をしています。S21では最大30倍、S21 Ultraでは最大100倍のズームが可能です。また、S21 Ultraの広角カメラで被写体に接近すると、広範囲をはっきりと写せる超広角カメラに切り替わり画角を調整してくれる、背景がボケすぎない「フォーカスエンハンサー」と呼ばれる機能が自動で働きます（アイコンタップでオフにすることも可能）。

その他のカメラモードを利用する

1 ［カメラ］アプリを起動し、＜その他＞をタップします。

2 利用できるモードが表示されるので、タップして選択します。

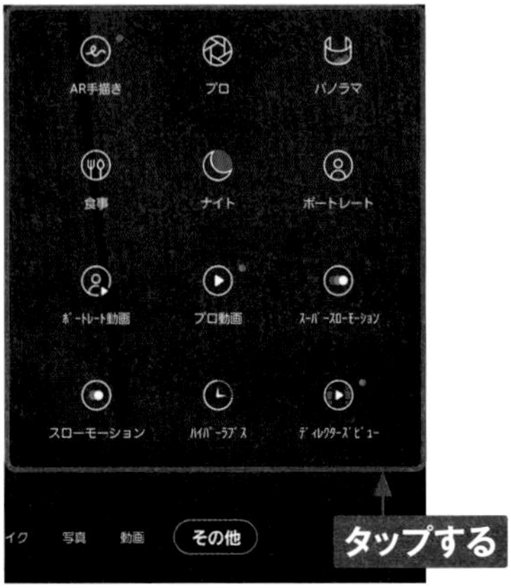

利用できるカメラモード

BIXBY VISION	［Bixby Vision］を起動して、被写体の情報を調べることができます（Sec.56参照）。
ARゾーン	フロントカメラで撮影した顔でAR絵文字を作成したり、物体に追従する文字や模様を描くことができます。
AR手書き	［ARゾーン］内の［AR手書き］がここから利用できます。
プロ	写真撮影時に露出、シャッタースピード、ISO感度、色調を手動で設定できます。また、RAW写真も撮影できます。
パノラマ	垂直、水平方向のパノラマ写真を作成できます。
食事	食べ物向けに色味が調整された写真を撮影でき、ボカしを設定できます（P.121参照）。
ナイト	暗い場所でも明るい写真を撮影できます。
ポートレート	背景をボカした写真を撮影できます（P.120参照）。
ポートレート動画	背景をボカした動画を撮影できます。
プロ動画	動画撮影時に露出など各設定を手動で調整できます。
スーパースローモーション	被写体が動いたことを感知してスローモーション動画を撮影できます。
スローモーション	スローモーション動画を撮影できます。
ハイパーラプス	早回しのタイプラプス動画を撮影できます。
ディレクターズビュー	カメラを切り替えながら動画を撮影できます（P.124～125参照）

カメラの設定を変更する

●カメラの設定を変更する

1 カメラの各種設定を確認や変更する場合は、をタップします。

2 ［カメラ設定］画面が表示され、設定の確認や変更ができます。

●比率や解像度を変更する

1 写真や動画の画面比率や解像度を変更する場合は、3:4（動画の解像度を変更する場合はFHD AUTO）をタップします。

2 表示されたアイコンをタップして、画面比率や解像度を変更します。

Section 46 さまざまな機能を使って撮影する

S21/S21 Ultraでは、さまざまな撮影機能を利用することができます。上手に写真を撮るための機能や、変わった写真を撮る機能があるので、いろいろ試してみましょう。

背景をボカした写真や動画を撮影する

1 S21/S21 Ultraでは、背景をボカした写真や動画を簡単に撮ることができます。リアカメラでは、人物だけでなく、ペットや物体の背景をボカすこともできます。[カメラ] アプリを起動し、<その他>→<ポートレート>（動画の場合は<ポートレート動画>）をタップします。

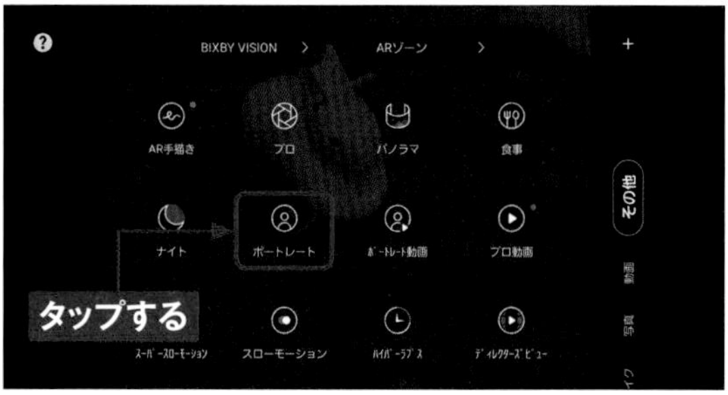

2 被写体にカメラを向けます。被写体との距離が適切でないと、画面上部に警告が表示されます。「準備完了」と表示されたら、撮影することができます。ボカしの種類や強さを変更したい場合は、◉をタップします。

3 表示されたアイコンをタップしてボカしの種類、スライダーをドラッグしてボカしの強さを変更することができます。また、この設定は撮影した後に、[ギャラリー] アプリからも行うことができます。

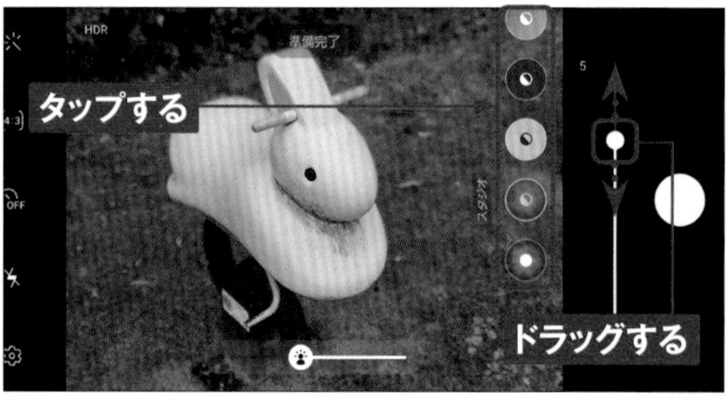

料理を撮影する

1 S21/S21 Ultraでは、被写体を自動認識して、色味などを調整してくれます。この機能を解除したい場合は、右上の「シーン別に最適化」アイコンをタップします。また、料理写真では、フォーカスエリアを調整することができます。<その他>をタップします。

2 <食事>をタップします。

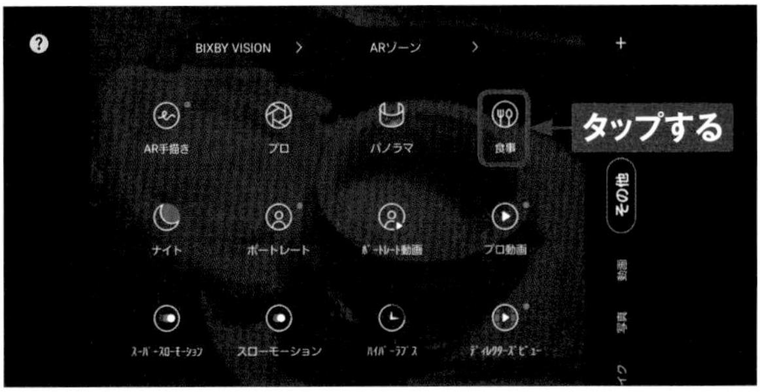

3 フォーカスエリアをドラッグして、調整します。

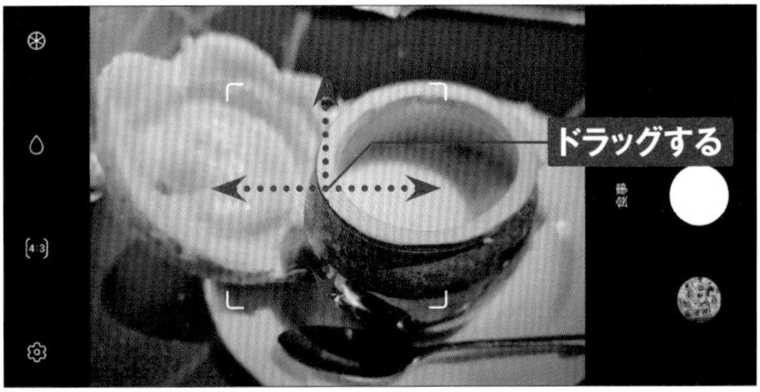

4 フォーカスエリアは枠をドラッグして大きさを調整することもできます。

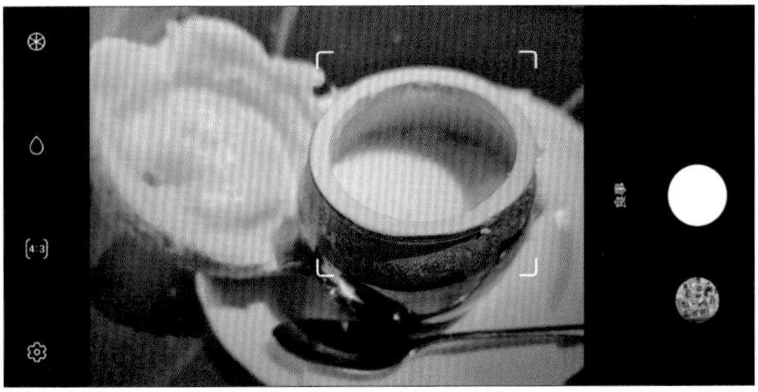

一度の動画撮影で、動画や写真を複数生成する

1 S21/S21 Ultraでは、一度の動画撮影で、複数の動画や写真を生成する「シングルテイク」機能が利用できます。［カメラ］アプリを起動し、＜シングルテイク＞をタップします。

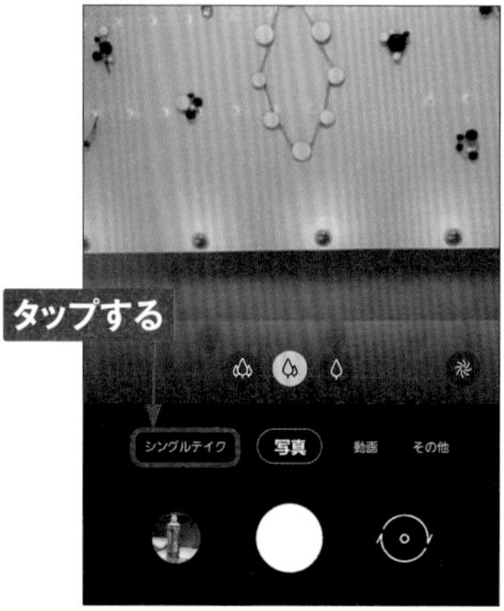

2 ◯をタップして、撮影を開始します。

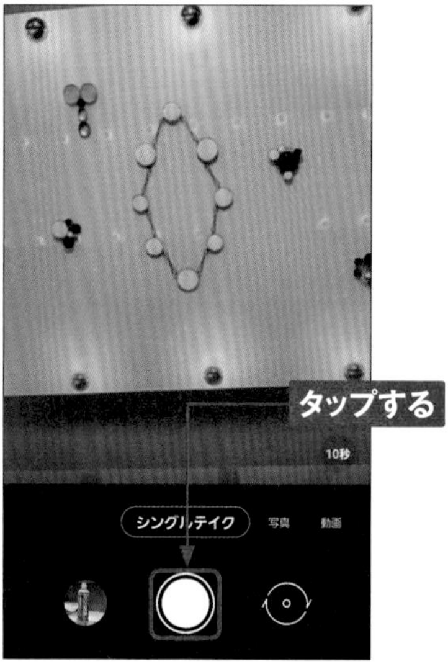

3 10秒間経過すると、自動的に撮影が終了します。また、●をタップすれば、その前に撮影を終了することができます。

4 撮影結果を見てみましょう。＜プレビュー縮小表示＞をタップします。

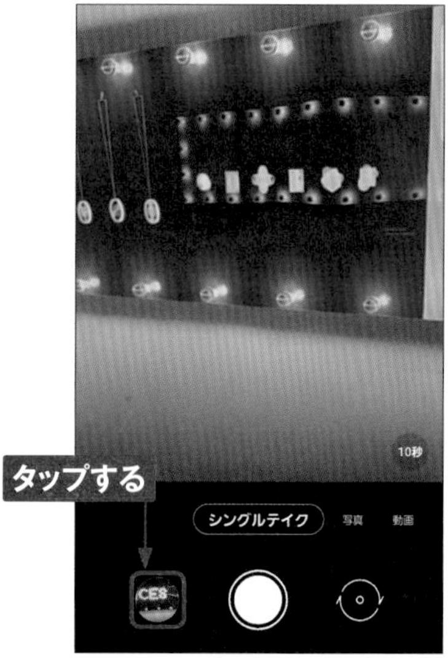

5 生成された動画や写真が表示されます。通常の動画が上部に表示されます。画面を上方向にスワイプします。

6 生成された動画や写真を確認することができます。

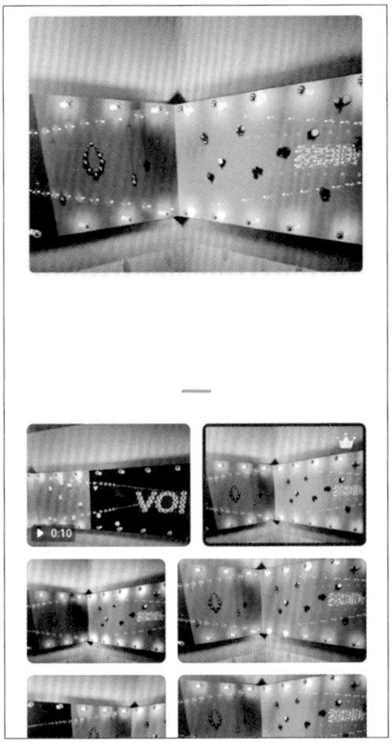

7 ［ギャラリー］アプリでは、シングルテイクで撮影した動画には、◎が表示されます。タップすると、手順5の画面が表示されます。

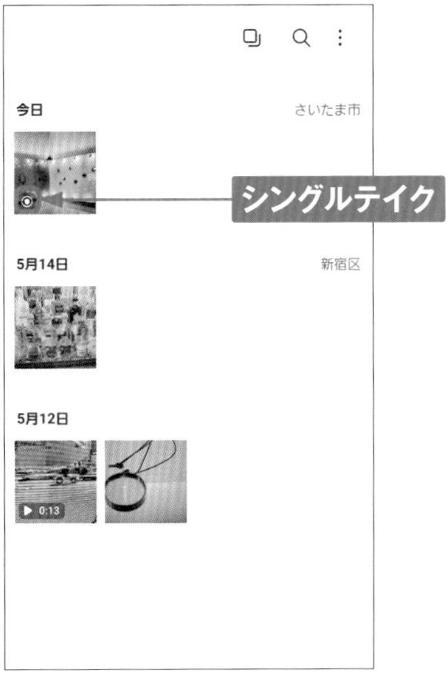

8 また、お勧めの写真がある場合は、お勧めマークが写真に表示されます。

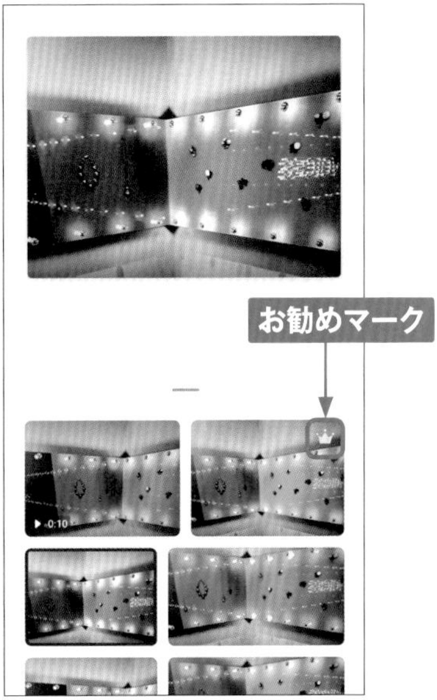

ディレクターズビューで動画を撮影する

1 S21/S21 Ultraでは、カメラを切り替えながら動画を撮影することができます。この機能を利用するには、＜その他＞をタップして、＜ディレクターズビュー＞をタップします。

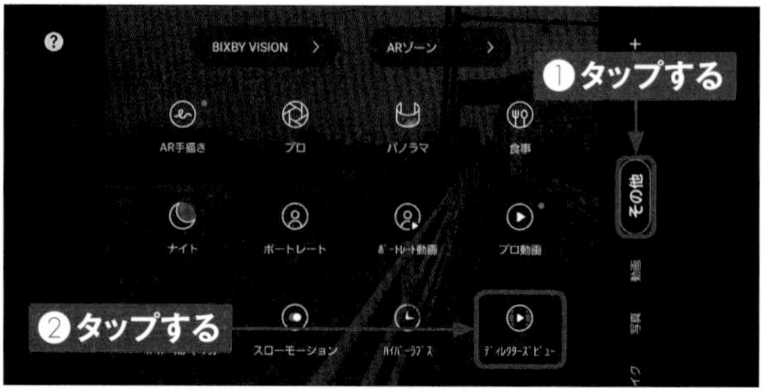

2 右側（縦位置では下部）にカメラの映像が表示されます。

3 時間が経つと右側のカメラが非表示になります。再度表示する場合は、<を左方向にスワイプします。

4 現在メイン画面に表示されているカメラは白枠になります。他のカメラに切り替える場合は、カメラ映像部分をタップします。なお、この操作は撮影中でも可能です。

5 撮影動画にフロントカメラの映像を入れることもできます（ブロガーズビュー機能）。をタップします。

6 アイコンが表示されます。ここでは、動画にフロントカメラの映像を小窓で写すピクチャインピクチャ機能を利用します。をタップします。

7 フロントカメラの映像が小窓で表示されます。ドラッグして位置を移動することができます。

8 手順6の画面で、をタップすると、リアカメラとフロントカメラの分割映像にすることができます。スワイプすると、左右を入れ替えることができます。ブロガーズビュー機能を終了する場合は、手順6の画面を表示して、をタップします。

6

Section 47
写真や動画を閲覧する

カメラで撮影した写真や動画は［ギャラリー］アプリで閲覧することができます。また写真や動画の編集をすることができます。

写真を閲覧する

1 ホーム画面で、<ギャラリー>をタップします。

2 本体内の写真やビデオが一覧表示されます。<アルバム>をタップすると、フォルダごとに見ることができます。見たい写真をタップします。

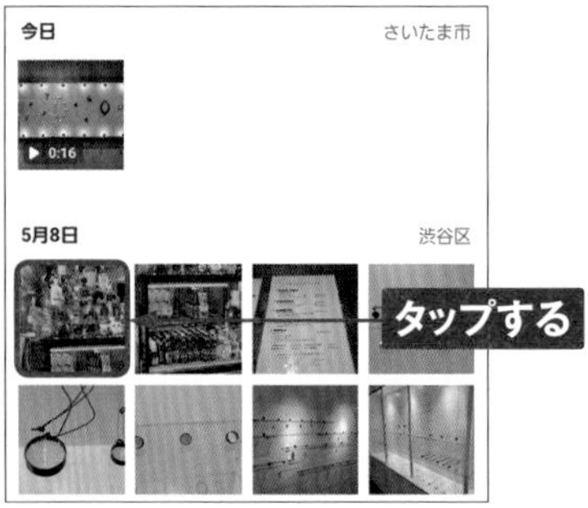

3 写真が表示されます。タップでメニューの表示・非表示、ピンチやダブルタップで拡大縮小をすることができます。画面を左右にスワイプします。

4 アルバム内の次の写真が表示されます。

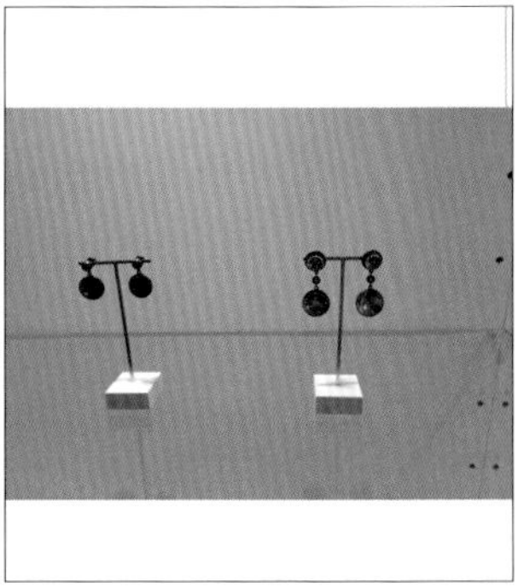

動画を閲覧する

1 P.126手順2の画面を表示して、見たいビデオをタップします。動画のサムネイルには、下部に再生マークと時間が表示されています。

2 動画がループ再生されます。画面下部の＜動画を再生＞をタップします。

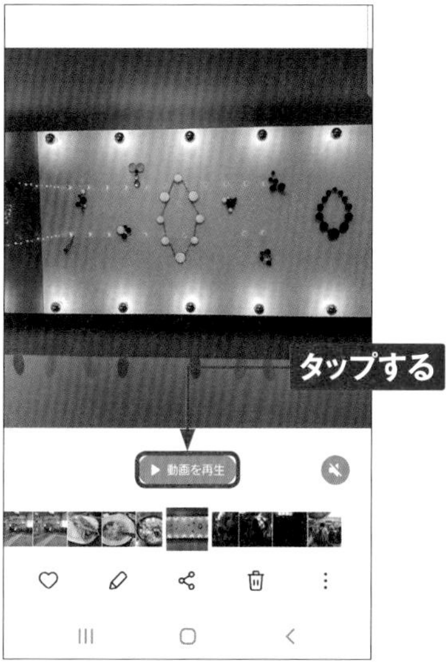

3 画面が［ギャラリー］から［動画プレーヤー］に切り替わります。画面をタップします。

4 メニューが表示され、再生や一時停止の操作を行えます。［ギャラリー］に戻るには、再生が終わるのを待つか、<を2回タップします。

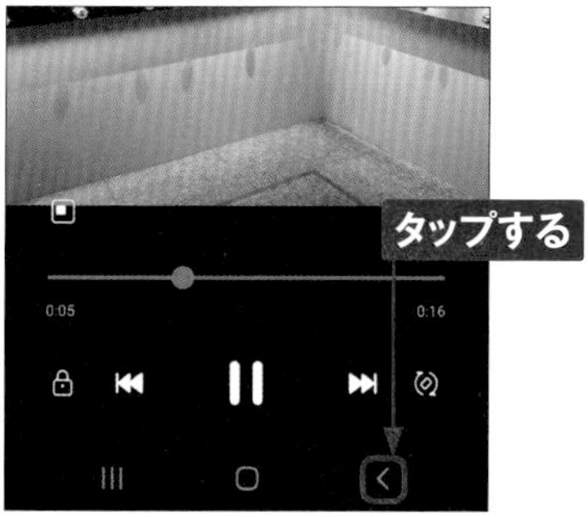

MEMO

動画から写真を作成する

手順4の画面で、画面左上のをタップすると、動画から写真をキャプチャすることができます。キャプチャした写真は、本体の「DCIM」フォルダ内の「Videocaptures」フォルダに保存されます。

写真の位置情報を削除する

1 P.126を参考に、［ギャラリー］アプリで写真を表示して、上方向にスワイプします。

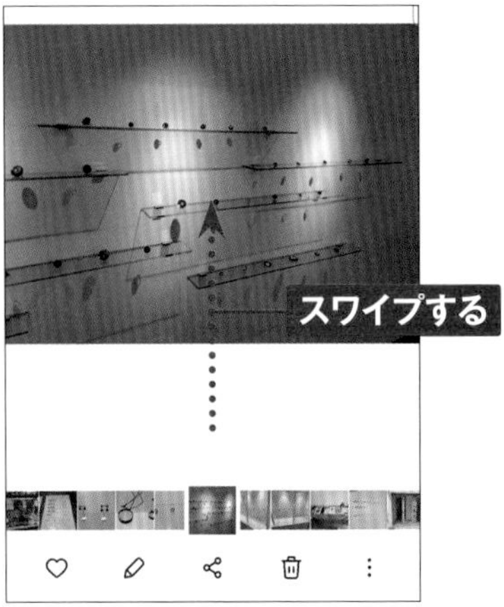

2 写真の情報が表示されます。地図部分をタップすると、［ギャラリー］アプリ内で位置情報が記録されている写真が、地図上に表示されます。容量が表示されている部分をタップします。

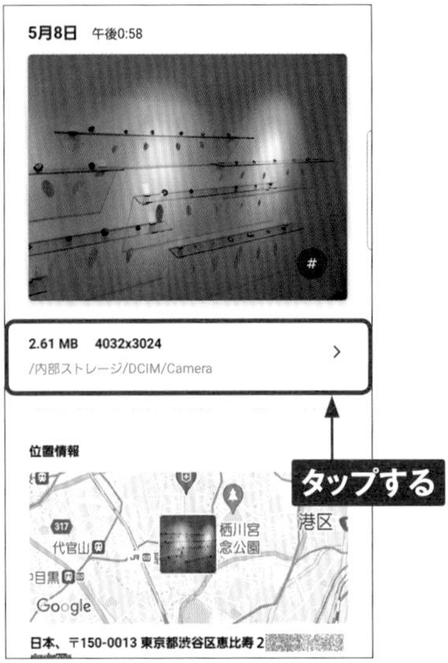

3 写真の情報が表示されます。＜編集＞をタップします。

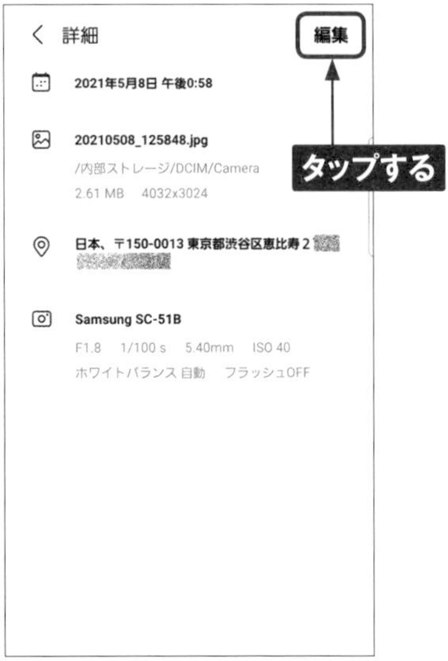

4 位置情報の右側の㊀をタップして、＜保存＞をタップすると、写真の位置情報データを削除することができます。

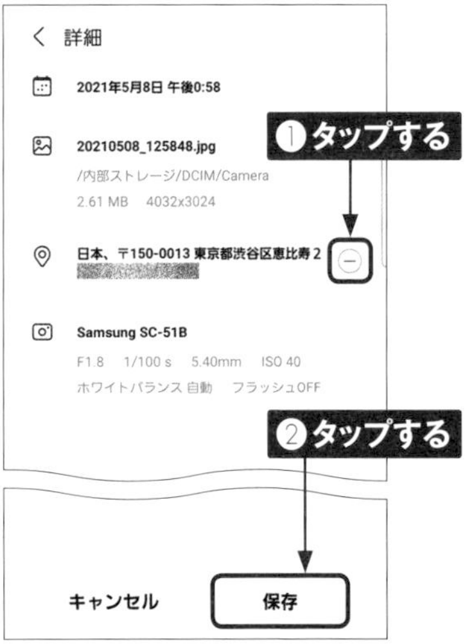

写真や動画を削除する

1 写真や動画を削除したい場合は、P.126手順**2**の画面で、削除したい写真や動画をロングタッチします。

2 ロングタッチした写真や動画にチェックマークが付きます。ほかに削除したい写真や動画があればタップして選択し、<削除>をタップします。

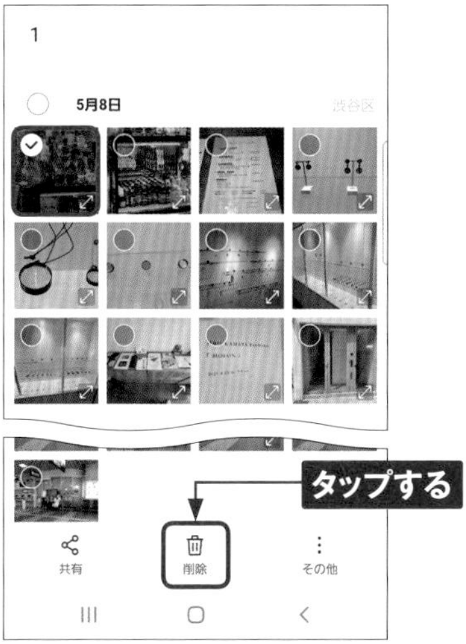

3 <ごみ箱に移動>をタップすると、写真や動画がごみ箱に移動します。ごみ箱に移動した写真や動画は、30日後に自動的に完全に削除されます。また、30日以内であれば復元することができます。

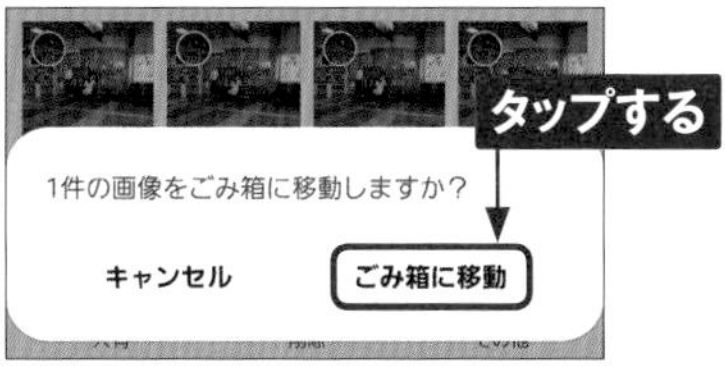

4 30日より早く削除したい場合や、SDカード内の写真をごみ箱に移動して、SDカードを取り外したいときは、手順**1**の画面で右下の三をタップし、<ごみ箱>をタップします。

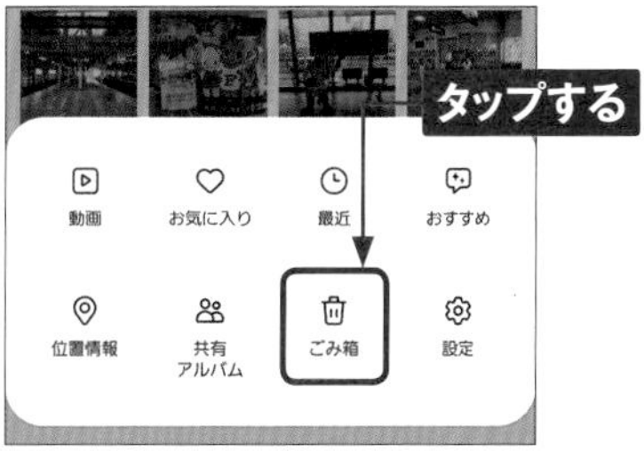

5 <編集>をタップし、完全に削除したい（もしくは復元したい）写真や動画をタップして選択し、<削除>（または<復元>）をタップします。

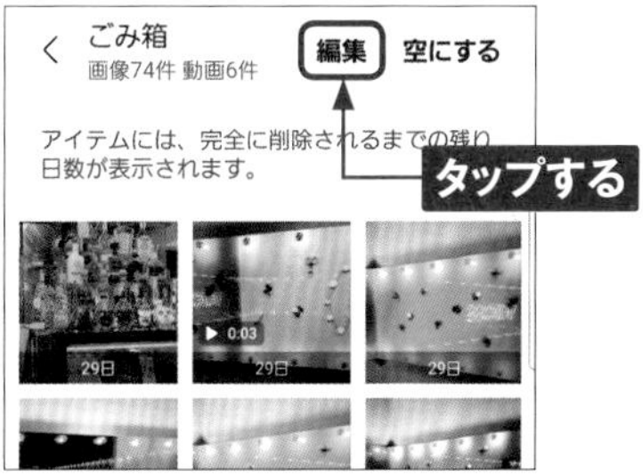

6

Section 48 写真や動画を編集する

[ギャラリー]アプリでは、撮影した写真や動画を編集できます。写真のトリミングやフィルター、動画のトリミングや編集、動画からの写真の作成ができます。

写真を編集する

1 [ギャラリー] アプリで編集したい写真を表示し、をタップします。

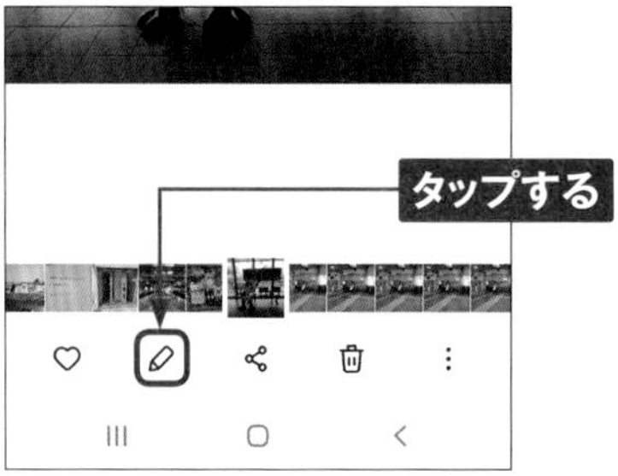

2 最初はトリミングの画面が表示されます。写真の四隅のハンドルをドラッグしてトリミングしたり、下部のアイコンをタップして回転や反転ができます。

3 をタップします。

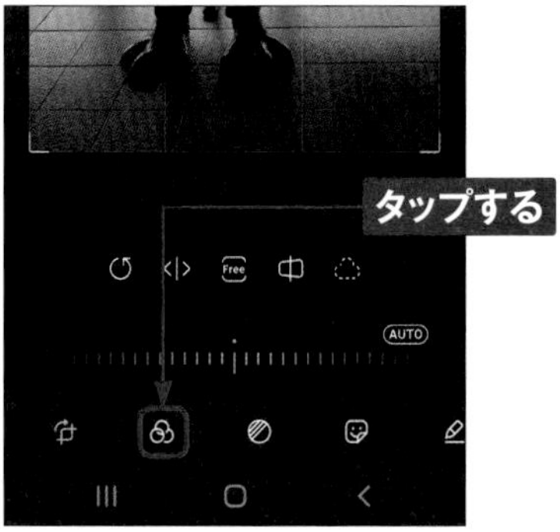

4 フィルターを適用することができます。下部のほかのアイコンをタップすると、スタンプや文字などを入れることもできます。

動画をトリミングする

1 ［ギャラリー］アプリで編集したい動画を表示し、をタップします。

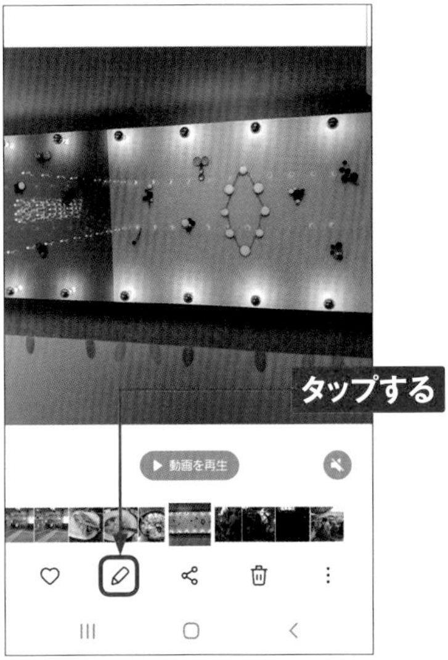

2 をタップします。

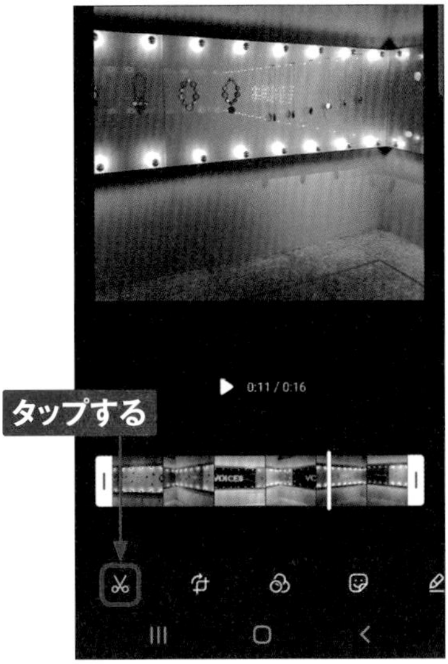

3 下部に表示されたコマの左右にあるハンドルをドラッグして、トリミング範囲を設定します。

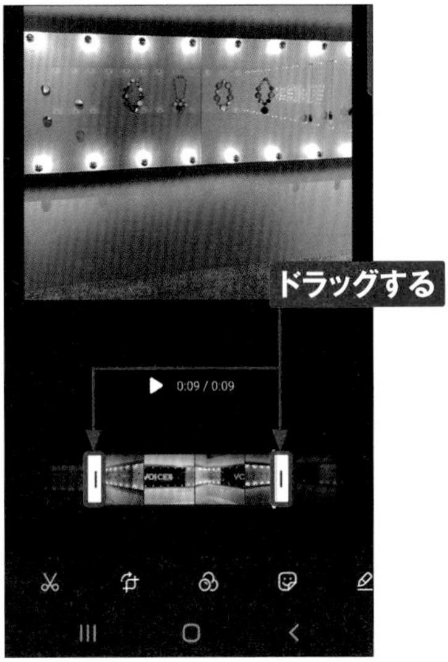

4 ＜保存＞をタップすると、ハンドルで囲まれた部分が、元の動画ファイルとは別の動画ファイルとして保存されます。

動画を編集する

1 P.131を参考に、動画クリップを作成して、編集してみましょう。P.131手順1～2を参考に、編集したいクリップを表示し、⋮→<動画を作成>をタップします。

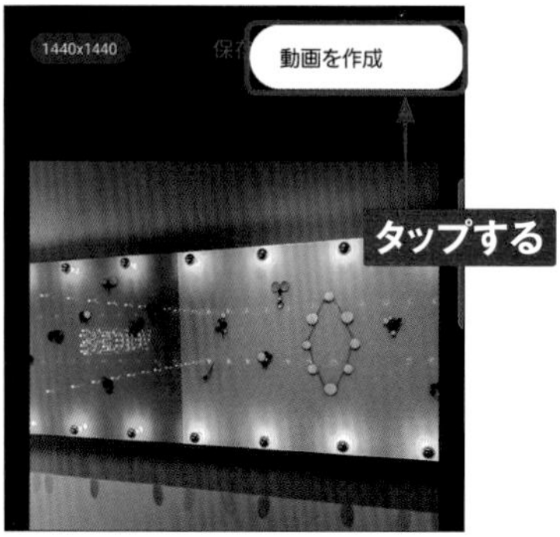

2 ほかのクリップや写真をタップして選択します。

3 <完了>をタップします。

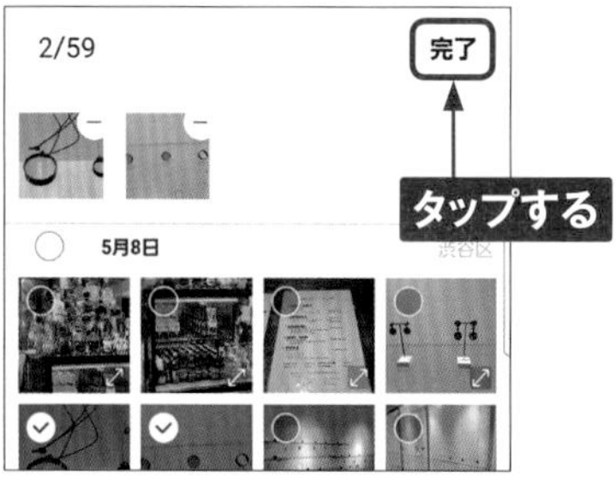

4 下部に読み込まれたクリップが表示されます。左方向にドラッグします。

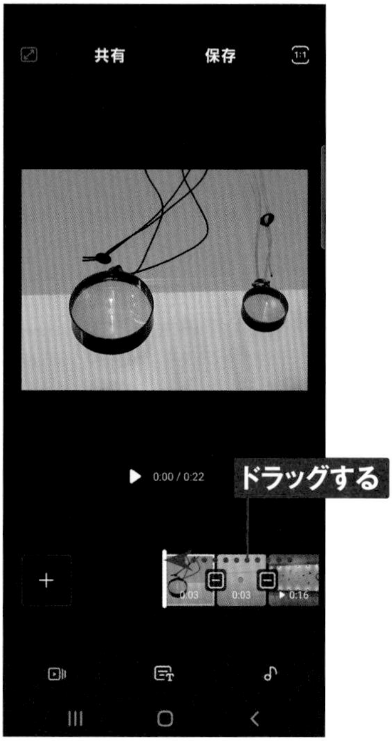

MEMO

動画の編集について

手順4以降の画面では、クリップの並べ替えやクリップの切り替え効果、音楽などの編集ができます。つまり、作成する動画全体の流れをつくることができます。一方、P.131手順2の画面からは、色味の変更や字幕の挿入、再生スピードの調整といった、各クリップの調整ができます。それぞれの役割を理解して、効率良く編集しましょう。

5 読み込まれたほかのクリップや写真が表示されます。クリップの順番を変更する場合は、変更したいクリップをロングタッチします。

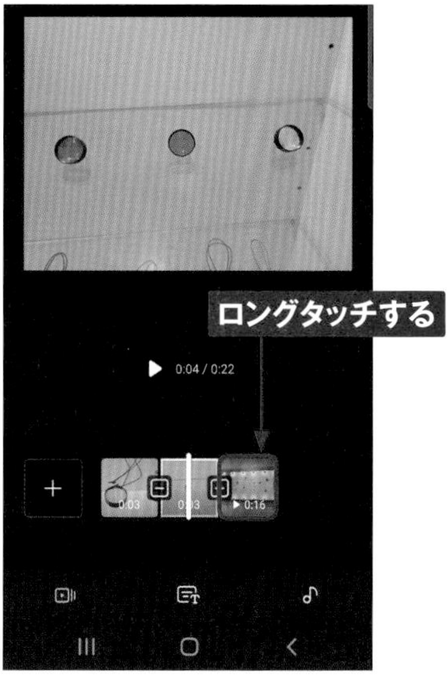

6 ドラッグして、移動したい位置で指を離します。

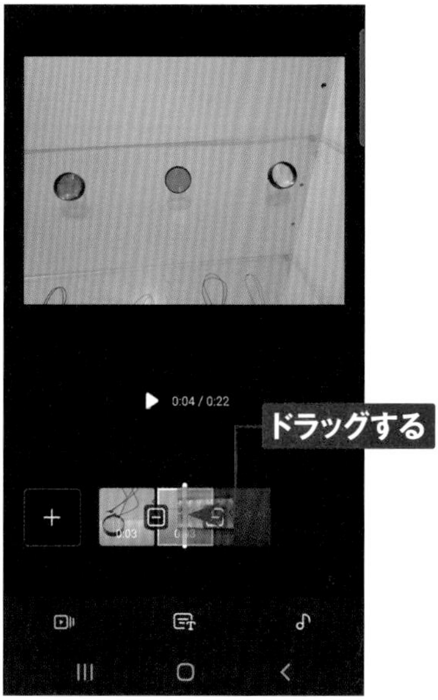

7 順番が変わりました。各クリップの切り替え効果を設定するときは、をタップします。

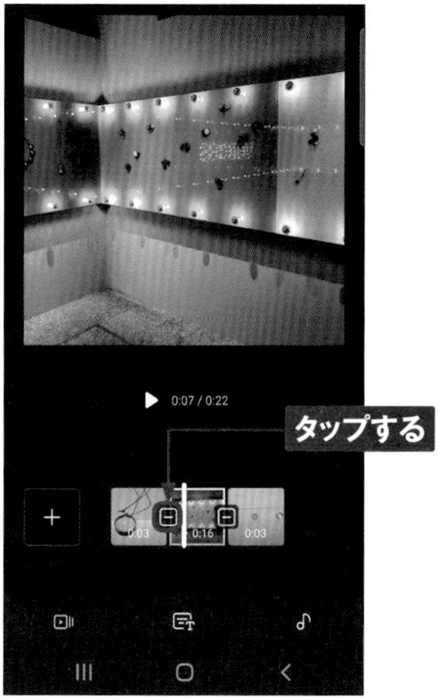

8 設定したい切替効果を、タップして選択します。すべての編集が終わったら、<保存>をタップします。

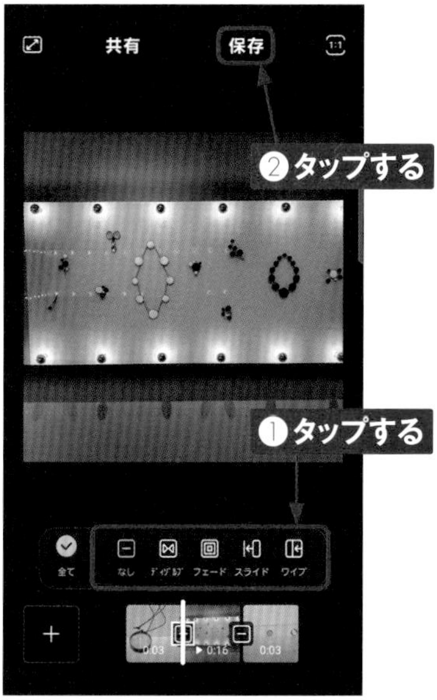

6

Section 49

画面を録画する

S21/S21 Ultraには、画面を録画する機能があります。人に操作を教えたり、ゲームのプレイ動画を友達に見せたいときなどに利用することができます。

画面録画を利用する

1 ステータスバーを2本指で下方向にスクロールし、<画面録画>をタップします。

2 初回は許可画面が表示されます。サウンド設定をタップして選んで、<録画を開始>をタップします。

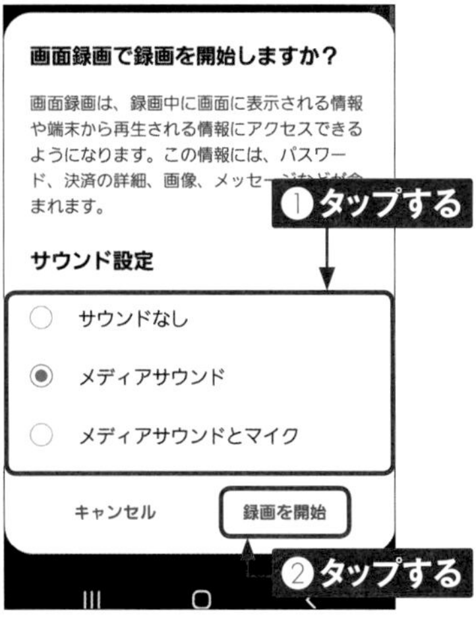

3 カウントダウン後、右上にメニューが表示され、画面録画が開始されます。

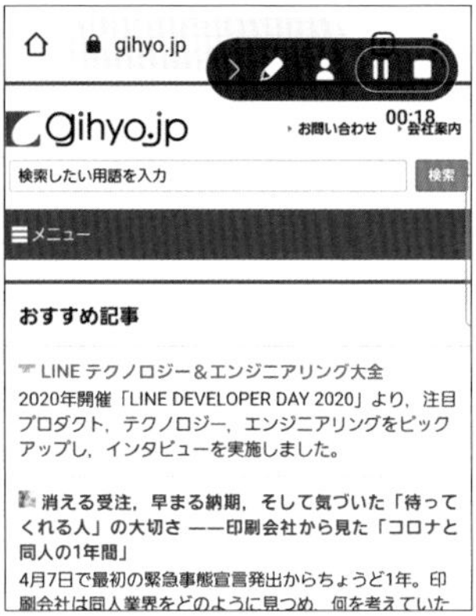

4 メニューの各アイコンの役割は以下のようになっています。

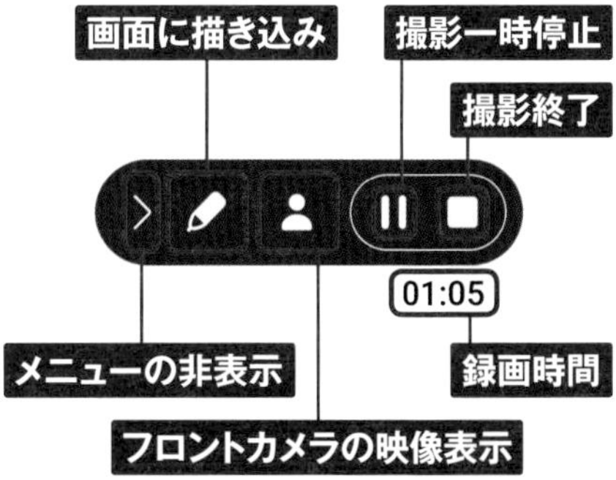

Chapter 7

独自機能を使いこなす

Section 50

Galaxyアカウントを設定する

この章で紹介する機能の多くは、利用する際にGalaxyアカウントをS21/S21 Ultraに登録しておく必要があります。ここでは［設定］アプリからの登録手順を紹介します。

Galaxyアカウントを登録する

1 P.29手順5の画面を表示して、＜Galaxyアカウント＞をタップします。

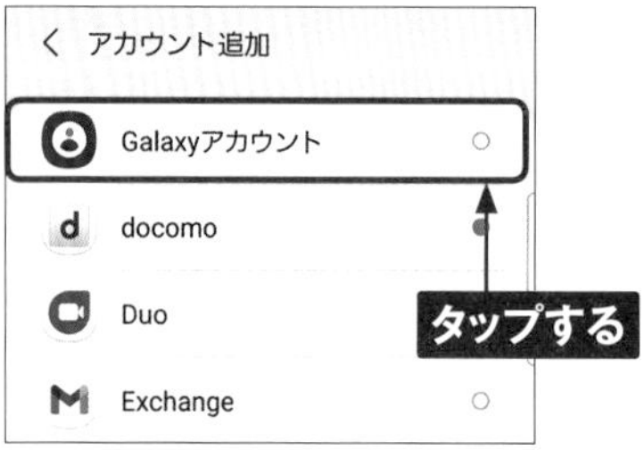

2 ここでは新規にアカウントを作成します。＜アカウントを作成＞をタップします。既にアカウントを持っている場合は、アカウントのメールアドレスを入力して、 をタップします。

3 ［法定情報］画面が表示されるので、各項目を確認してタップし、＜同意する＞をタップします。

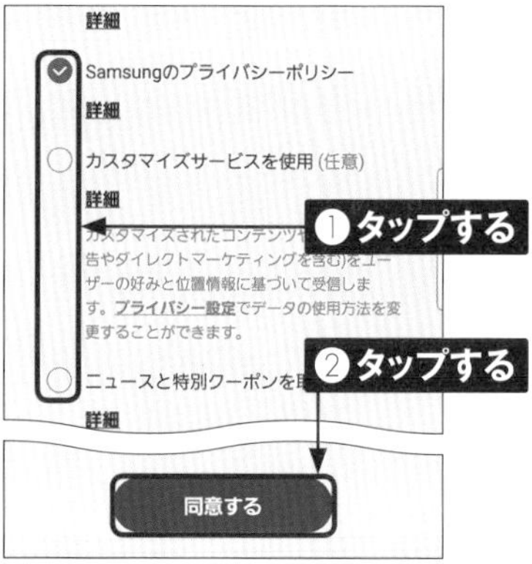

MEMO

Galaxyアカウントの役割

Galaxyアカウントは、この章で紹介するGalaxy固有のサービスを利用するために必要です。また、アカウントを登録することで、「Galaxy Store」でアプリやテーマをダウンロードしたり、アプリのデータや設定をGalaxyクラウドにバックアップすることができます。

4 ［アカウントを作成］画面が表示されるので、アカウントに登録するメールアドレスとパスワード、名前を入力し、生年月日を設定して、＜アカウントを作成＞をタップします。

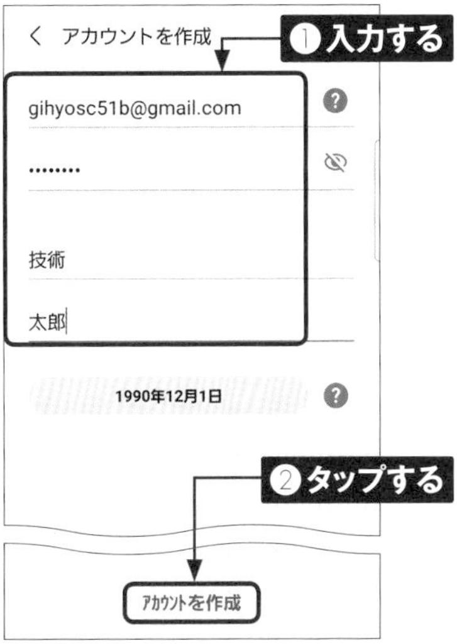

5 認証画面が表示されます。S21／S21 Ultraの電話番号が表示されるので、＜OK＞をタップします。

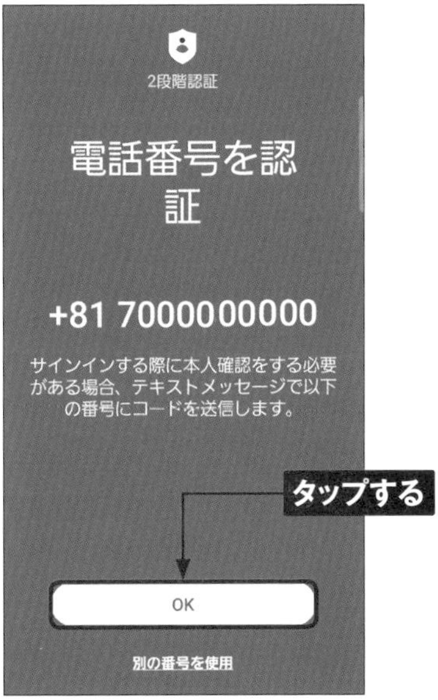

6 Galaxy Passについてのメッセージが表示されます。ここでは、＜キャンセル＞をタップします。

7 アカウント情報が表示されたら、設定完了です。

Section 51

メモを利用する

［Galaxy Notes］アプリは、テキスト、手描き、写真などが混在したノートを作成できるメモアプリです。そのため、メモとしてはもちろん、日記のような使い方もできます。

Galaxy Notesを利用する

1 ［アプリ一覧］画面で＜Galaxy Notes＞をタップして起動します。新規にノートを作成する場合は、をタップします。

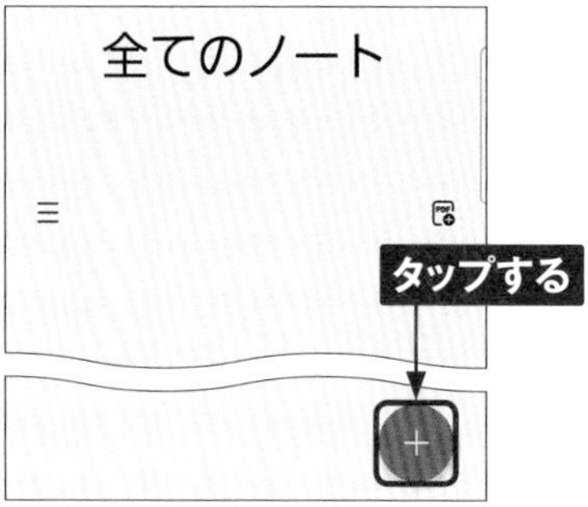

2 ページスタイルを選択後、新規作成画面が表示されます。標準ではキーボードから入力する「テキスト」モードが選択されています。ここでは、＜タイトル＞をタップして、キーボードから入力します。

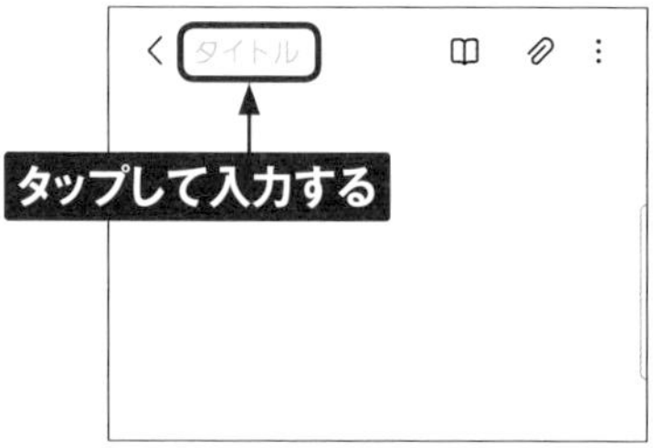

3 をタップします。

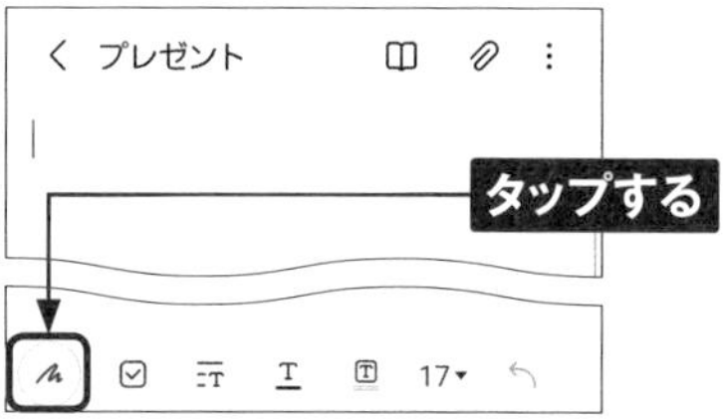

4 「ペン」入力モードになるので、指で文字などを書きます。→＜画像＞をタップします。

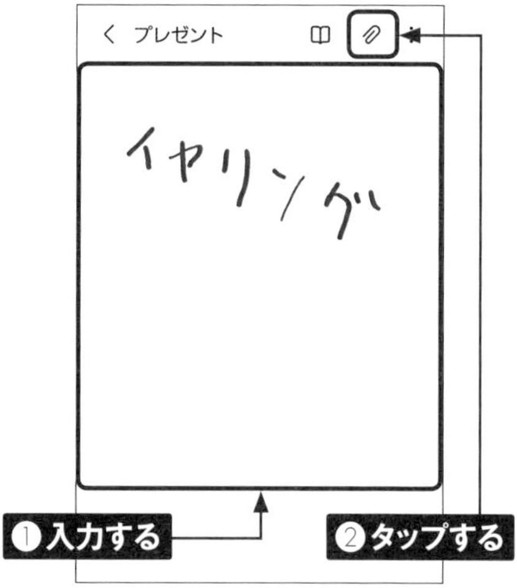

5 本体内の写真が表示される＜ギャラリー＞を選択し、読み込みたい写真をタップします。なお、＜カメラ＞をタップすると、その場で撮影できます。

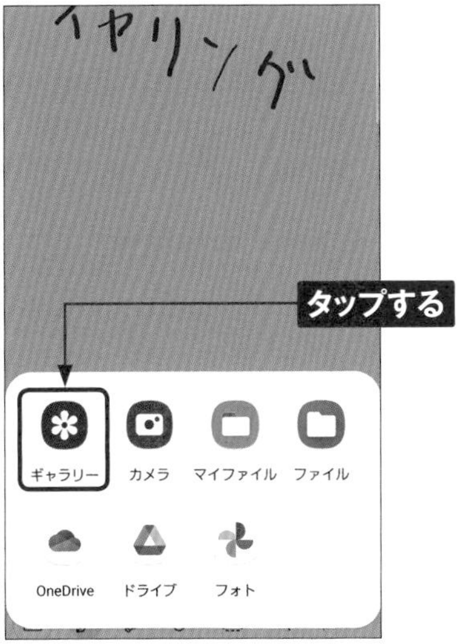

6 写真が読み込まれます。ドラッグして位置を調整し、◫をタップします。

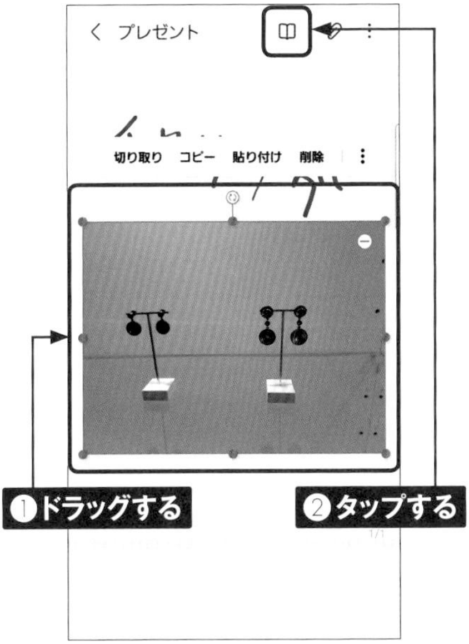

7 ノートが保存されます。画面をタップするか、✎をタップすると手順**6**の画面が表示され、編集することができます。＜をタップします。

8 P.138手順**1**のノート一覧画面に戻ります。ノートをタップすると、そのノートが表示されます。

MEMO

[Galaxy Notes] の機能

[Galaxy Notes] アプリでは、PDFに書き込みをしたり、メモを取りながら録音する機能があります。また、手書き文字をテキスト化することもできます。S21 Ultraは別売のSペンに対応しているので、Sペンがあればこれらの機能を有効に活用することができます。

Section 52 スリープ時に情報を確認する

スリープモードの時にも時間や通知をディスプレイで確認できるAlways On Display機能を利用することができます。なお、Always On Displayは標準で有効になっています。

通知を確認する

1 スリープ時に画面をタップすると、Always On Displayの機能で画面に日時や通知アイコンが表示されます。

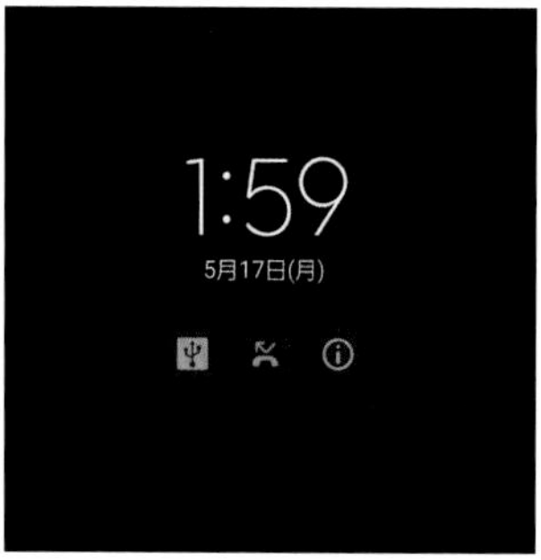

2 画面をタップし、通知アイコン（ここでは＜不在着信＞）をダブルタップします。セキュリティロックを設定している場合は、ロックを解除します。

3 通知のあったアプリが起動します。

MEMO

Always On Displayを有効にする

Always On Displayが有効になっていないときは、P.141手順2を参考に有効／無効を切り替えることができます。なお、「常に表示」でも、ポケットに入れているなど、上部のライトセンサーが一定時間覆われていると、Always On Displayの表示が消えます。

Always On Displayをカスタマイズする

1 ［設定］画面を開いて、＜ロック画面＞をタップします。

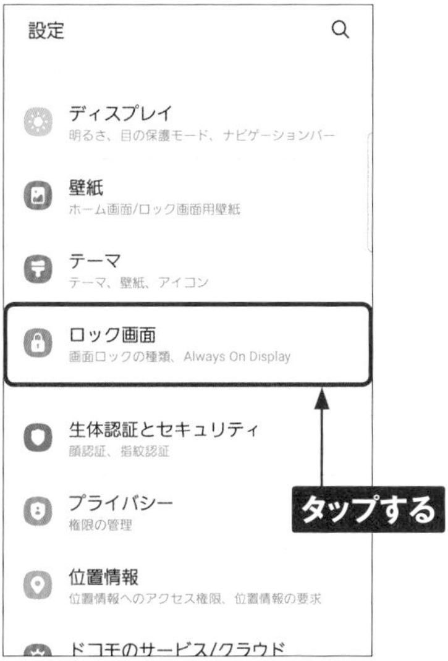

2 ＜Always On Display＞の右の をタップして、有効・無効を切り替えることができます。＜Always On Display＞をタップします。

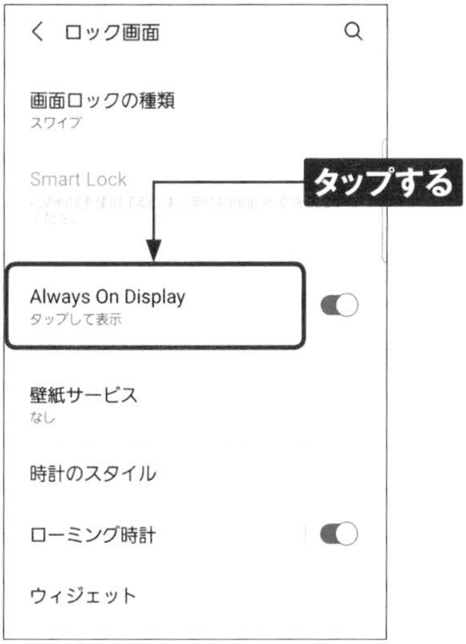

3 Always On Displayの表示タイミングや向きなどを変更することができます。＜時計のスタイル＞をタップします。

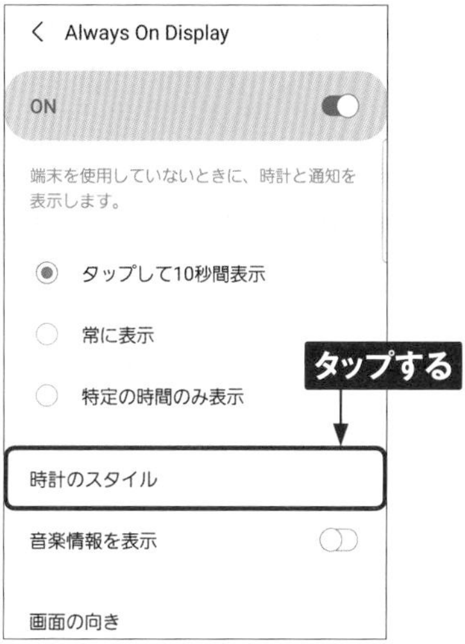

4 Always On Displayに表示する時計のスタイルを設定することができます。

Section 53 エッジパネルを利用する

エッジパネルは、どんな画面からもすぐに目的の操作を行える便利な機能です。よく使うアプリを表示したり、ほかの機能のエッジパネルを追加したりすることもできます。

エッジパネルを操作する

1 エッジパネルハンドルを画面の中央に向かってスワイプします。

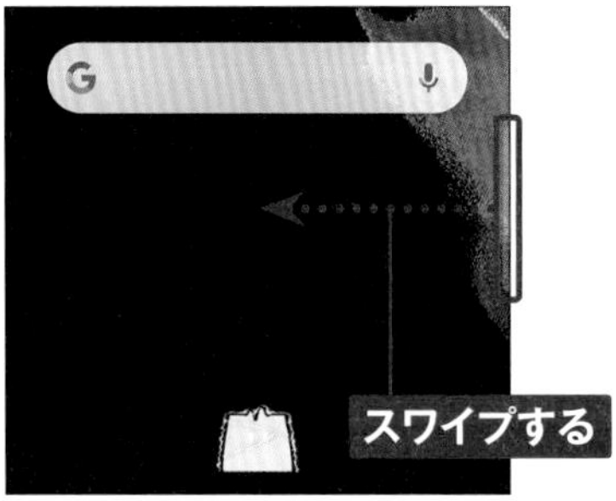

2 ［アプリ］パネルが表示されます。複数のエッジパネルを使用している場合は、画面を左右にスワイプすると、パネルが切り替わります。パネル以外の部分をタップするか、<をタップします。

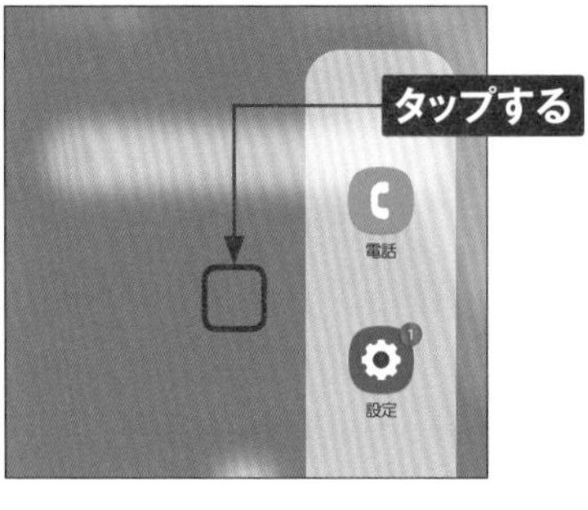

3 パネルの表示が消え、元の画面に戻ります。

MEMO エッジパネルハンドルの場所を移動する

標準ではエッジパネルハンドルは、画面の右側面上部あたりに表示されていますが、ロングタッチしてドラッグすることで、上下や左側面に移動することができます。また、＜設定＞→＜ディスプレイ＞→＜エッジパネル＞→＜ハンドル＞をタップすると、色の変更などもできます。

[アプリ] パネルをカスタマイズする

1 [アプリ] パネルを表示して、✎をタップします。

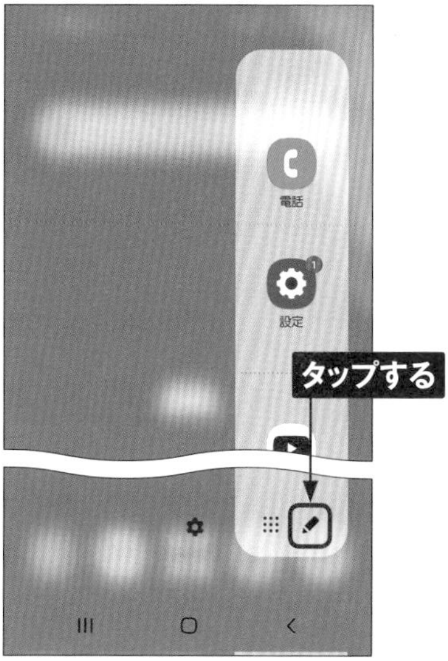

2 [アプリ] パネルから削除したいアプリの−をタップします。なお、上半分に表示されるアプリは最近使ったアプリで、変更することはできません。

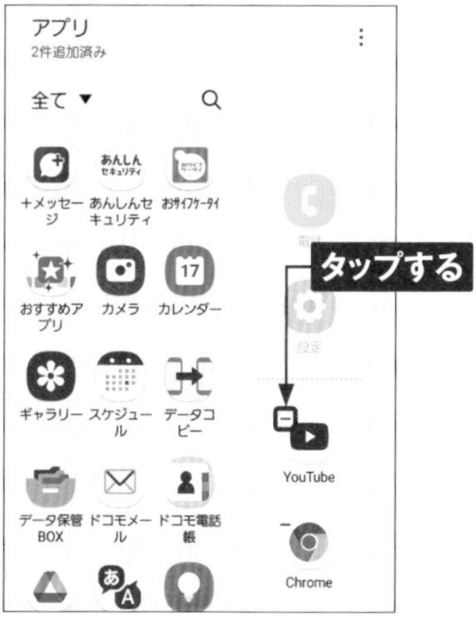

3 アプリが削除されました。アプリを追加したい場合は、左の画面で追加したいアプリをロングタッチします。

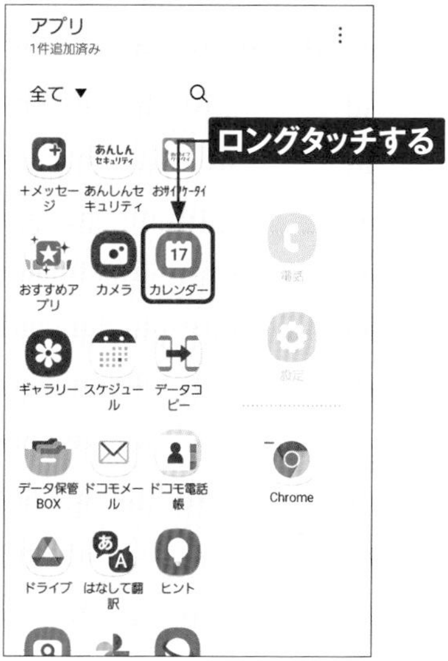

4 そのまま追加したい場所へドラッグします。

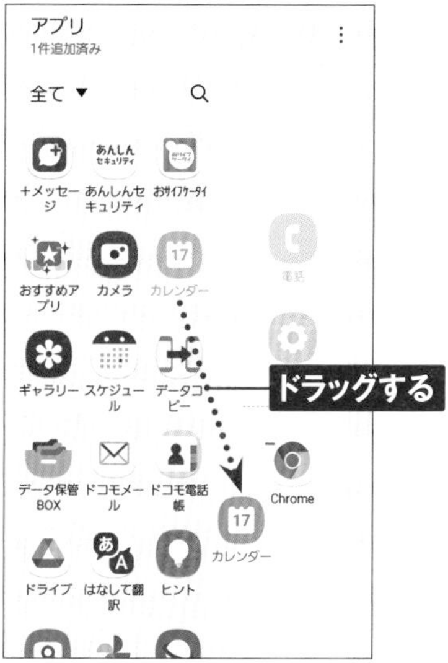

5 アプリが追加されました。アプリフォルダを作成したい場合は、アプリアイコンの上に別のアプリをドラッグします。

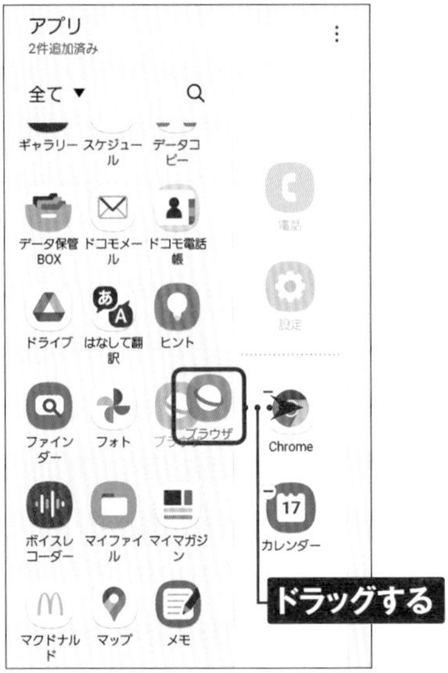

6 アイコンから指を離すと、フォルダ画面が表示されます。＜フォルダ名＞をタップすると、フォルダに名前を付けることができます。＜をタップします。

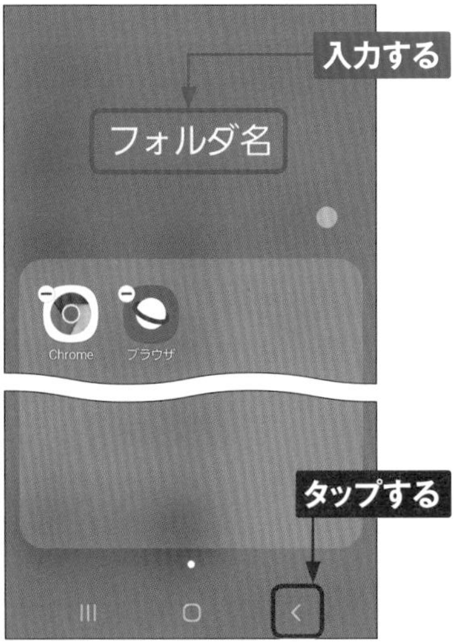

7 フォルダが作成されます。＜をタップすると、［アプリ］パネルの画面に戻ります。

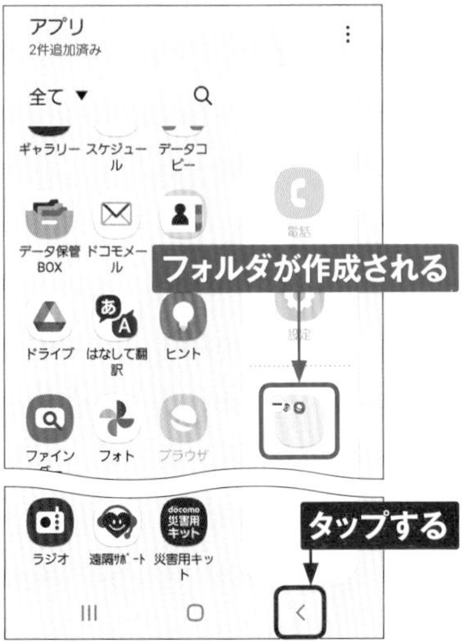

MEMO

［アプリ］パネルから分割・ポップアップ表示をする

Sec.62でアプリの分割表示を紹介していますが、［アプリ］パネルに登録したアプリは、［アプリ］パネルから分割・ポップアップ表示ができます。分割表示の場合は、別のアプリを起動中に［アプリ］パネルのアプリをロングタッチして、ドラッグし、画面のように表示されたら、指を離します。

別のパネルを追加する

1 エッジパネルを表示して、をタップします。

2 をタップしてパネルの表示／非表示を切り替えられます。画面を左方向にスワイプします。

3 その他にインストールされているエッジパネルが表示されます。

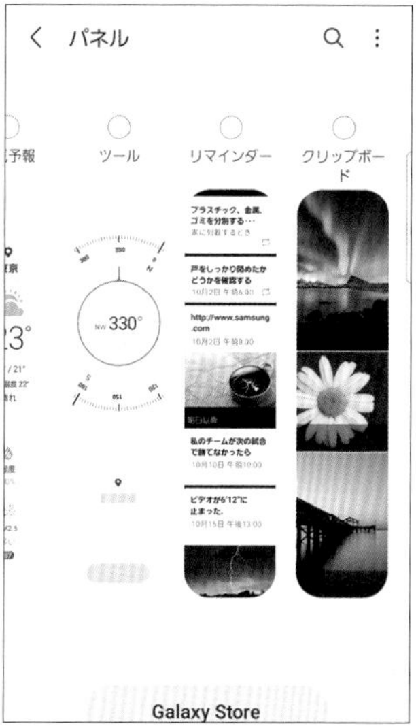

4 手順**3**の画面で＜Galaxy Store＞をタップすると、標準以外のパネルをダウンロードして追加することができます。

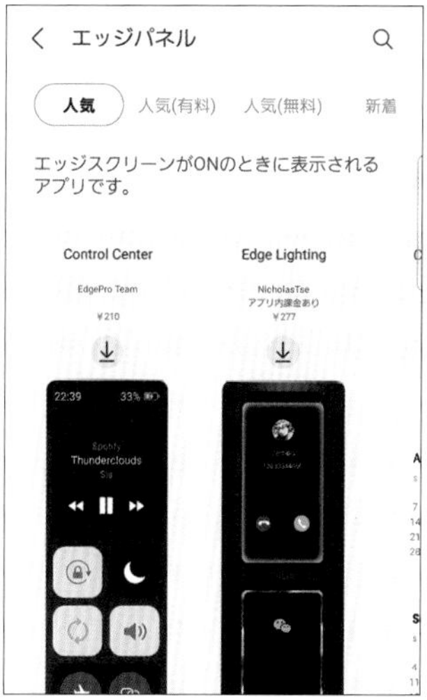

7

Section 54 画面ロックを生体認証で解除する

S21/S21 Ultraは、画面ロックの解除にいろいろなセキュリティロックを設定することができます。自分が利用しやすく、ほかの人に解除されないようなセキュリティロックを設定しておきましょう。

セキュリティの種類と動作

S21/S21 Ultraの画面ロックと画面ロックのセキュリティには以下の種類があります。セキュリティAのみでも設定可能ですが、セキュリティBと組み合わせることで、利用しやすくなります。セキュリティBを使うには、セキュリティAのいずれかが必要です。セキュリティなしとセキュリティAは、＜設定＞→＜ロック画面＞→＜画面ロックの種類＞で設定できます。

セキュリティなし

●なし
画面ロックの解除なし。

●スワイプ
ロック画面をスワイプして解除。

セキュリティA いずれか1つを選択。ロック画面をスワイプして入力

●パターン
特定のスワイプパターンで解除。

●パスワード
最低1文字以上の英字を含めて4文字以上の英数字で解除。

●PIN
4桁以上の数字で解除。

セキュリティB いずれか1つを選択。ロック画面をスワイプして入力

●顔認証
本体の前面に顔をかざしてロック解除。

●指紋認証
ディスプレイ下部の指紋センサーを、登録した指でタッチして解除。

指紋認証機能を設定する

1 ［アプリ一覧］画面で＜設定＞をタップし、＜生体認証とセキュリティ＞をタップします。

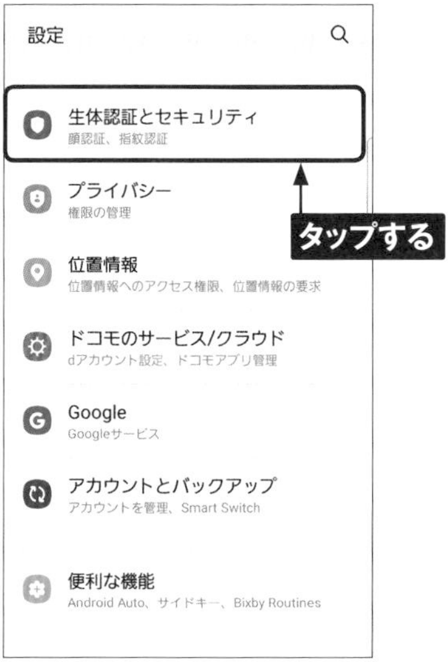

2 ＜指紋認証＞をタップします。

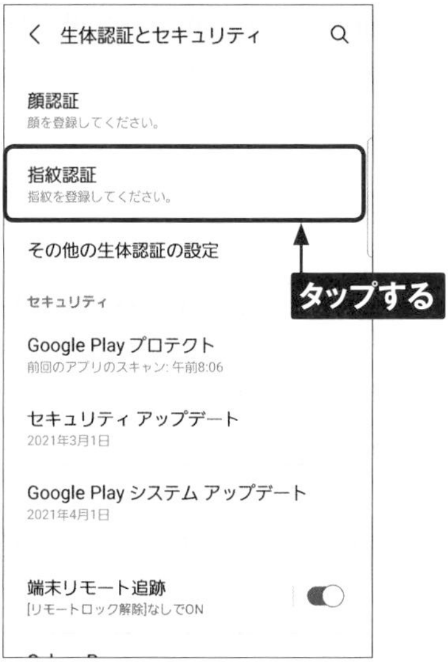

3 ＜続行＞をタップします。

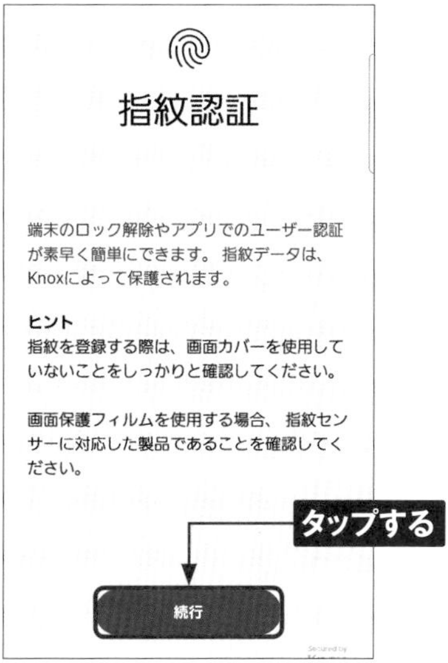

4 指紋認証では、画面のいずれかのロックを設定する必要があります。ここでは、＜PIN＞をタップします。

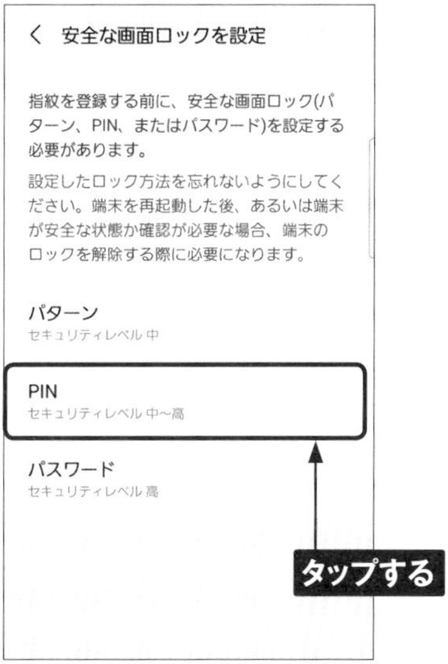

5 4桁以上の数字を入力して、<続行>をタップします。次の画面で、再度同じ数字を入力し、<OK>をタップします。

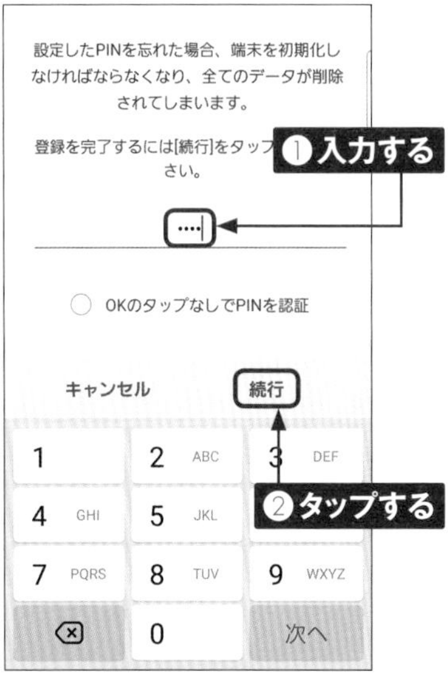

6 画面下部の指紋部分に指を置き、指紋をスキャンします。

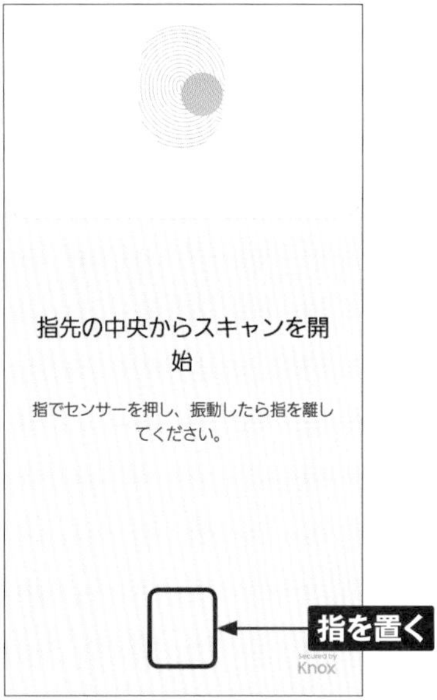

7 指紋のスキャンが終わったら、<完了>をタップします。<追加>をタップすると、別の指紋を追加することができます。

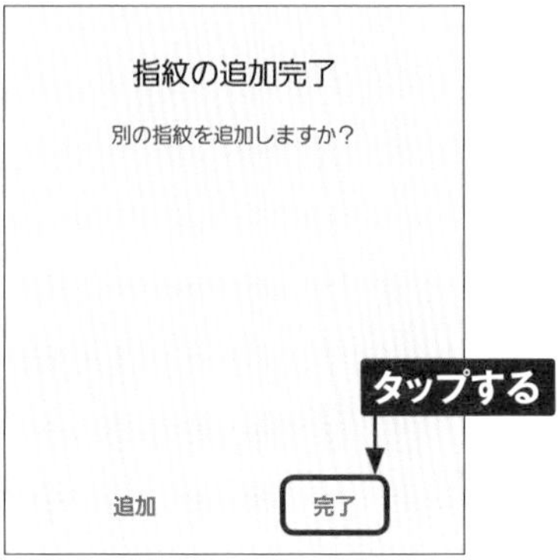

8 この画面が表示されたら、<同意する>をタップします。これで設定は完了です。

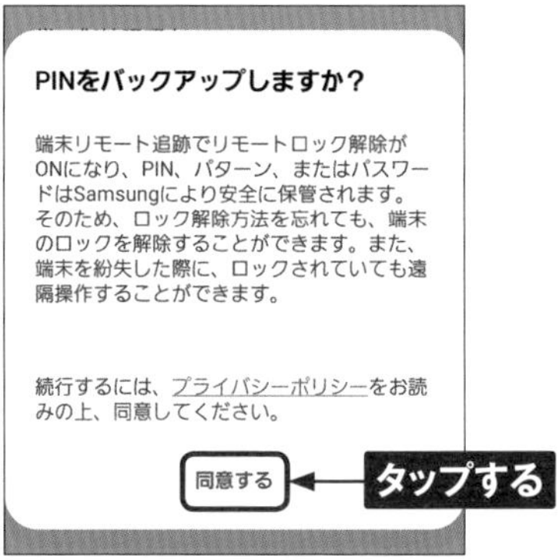

MEMO

登録した指紋を削除する

登録した指紋を削除するには、P.147手順1～2の操作をします。P.147手順4で設定したロック方法で解除して、表示された画面で<指紋1>をタップし、右上の<削除>をタップします。

指紋認証機能を利用する

1 指紋認証のロック解除は、スリープモード時に、指紋センサー部分を触れるだけでできます。Always on Display有効時は、画面をタップすると、下のようにセンサーアイコンが表示されますが、P.147手順1～2の操作の次の画面で、＜画面がOFFのときにアイコンを表示＞を無効にすることで、センサーアイコンを非表示にできます。

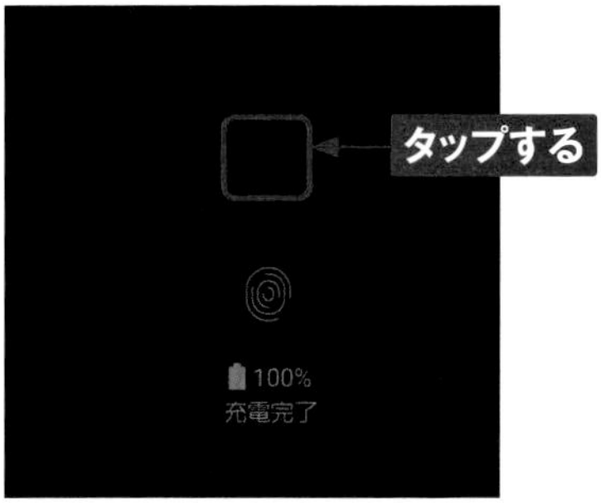

2 スリープ状態、もしくは手順1の画面で画面をダブルタップすると、ロック画面が表示され、センサーアイコンが表示されます。この画面からもロックを解除できます。

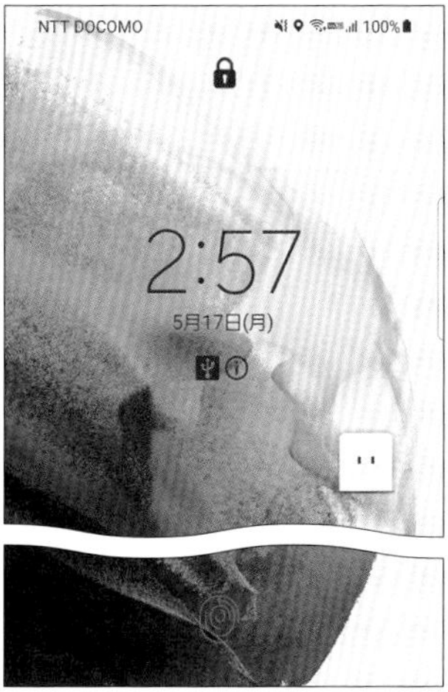

MEMO 顔認証機能を利用する

顔認証も、基本的には指紋認証と同じ操作で設定することができます。標準では、スリープモード時に顔を向けると、ロック画面が表示され、スワイプする必要がありますが、＜ロック画面を維持＞を無効にすると、ロック画面をスワイプする必要がなくなります。顔認証は画面を見るだけで、すぐに利用できるので便利ですが、指紋認証に比べると、安全性は低いとされています。

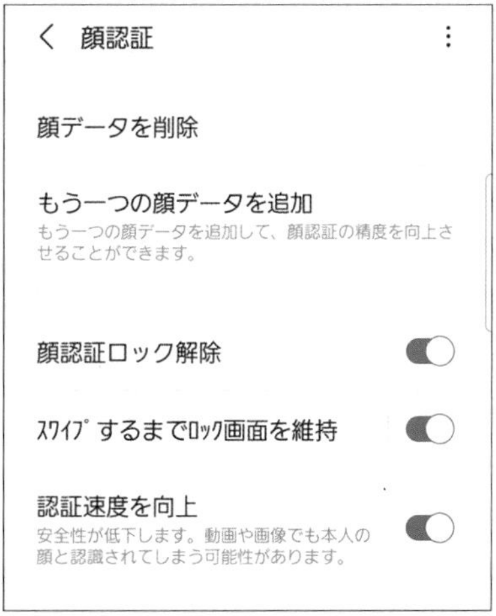

Section 55

セキュリティフォルダを利用する

S21/S21 Ultraには、他人に見られたくないデータやアプリを隠すことができる、セキュリティフォルダ機能があります。なお、利用にはGalaxyアカウント（Sec.50参照）が必要です。

セキュリティフォルダの利用を開始する

1 ＜設定＞→＜生体認証とセキュリティ＞→＜セキュリティフォルダ＞をタップします。次の画面で＜同意する＞をタップします。

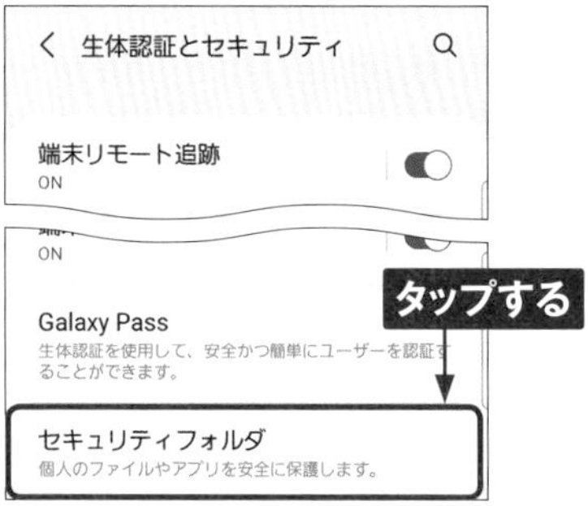

2 セキュリティフォルダ利用にはGalaxyアカウントが必要です。Galaxyアカウントのパスワードを入力したら、＜OK＞をタップします。

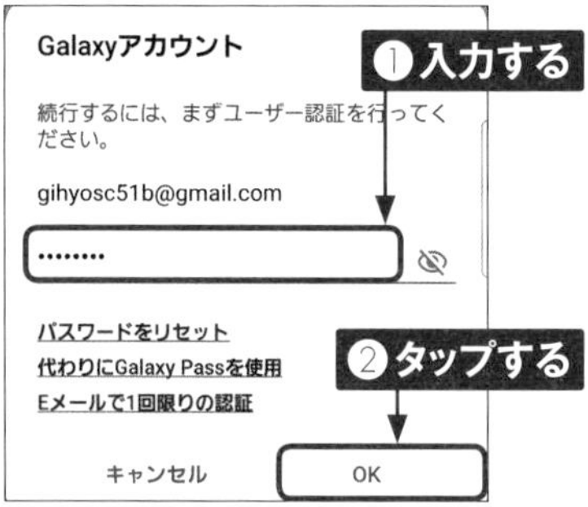

3 セキュリティフォルダ用のセキュリティを選んで（画面ではPIN）、操作を進めると、セキュリティフォルダ画面が表示されます。

MEMO

セキュリティフォルダのロック解除

セキュリティフォルダのロック解除は、ロック画面の解除に利用する画面ロックの種類とは別の種類を設定できます。また、たとえば両方で同じPINで解除する方法を選んでも、それぞれ別の数字を設定することができます。

セキュリティフォルダにデータ移動する

1 P.150手順**3**の後、もしくは［アプリ一覧］画面で＜セキュリティフォルダ＞をタップします。ロック解除後にこの画面が表示されます。⋮→＜ファイルを追加＞をタップします。

2 追加したいファイルの種類（ここでは＜画像＞）をタップします。

3 画像の場合は＜ギャラリー＞が起動するので、セキュリティフォルダに移動したい画像をタップして選択します。＜完了＞をタップします。

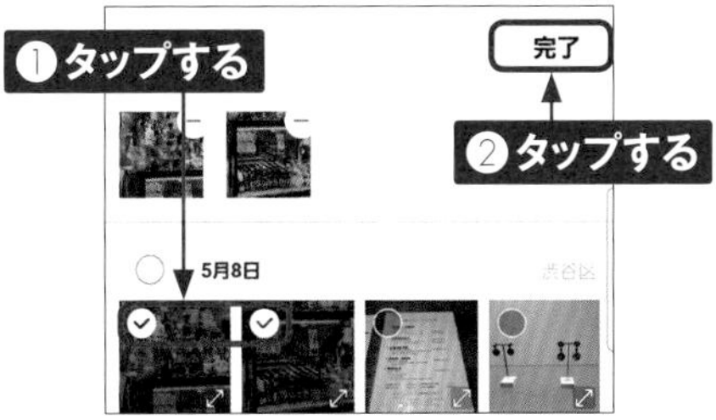

4 ＜移動＞または＜コピー＞をタップします。＜移動＞をタップすると、セキュリティフォルダ内のアプリからしか見ることができなくなります。

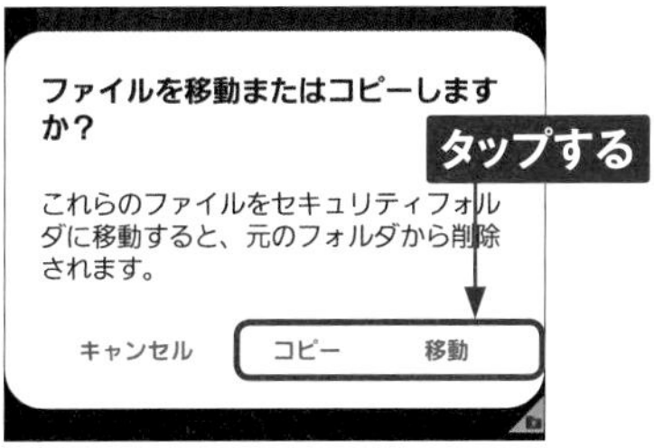

MEMO

セキュリティフォルダ内のデータを戻す

セキュリティフォルダに移動したデータを戻すには、たとえば画像であれば、セキュリティフォルダ内の［ギャラリー］アプリで画像一覧を表示します。画像をロングタッチして選択し、画面右下の＜その他＞をタップして、＜セキュリティフォルダから移動＞をタップします。ほかのデータも、同じ方法で戻すことができます。

セキュリティフォルダにアプリを追加する

1 セキュリティフォルダにアプリを追加するには、P.151手順1の画面で、＋をタップします。

2 追加したいアプリをタップして選択し、<追加>をタップします。

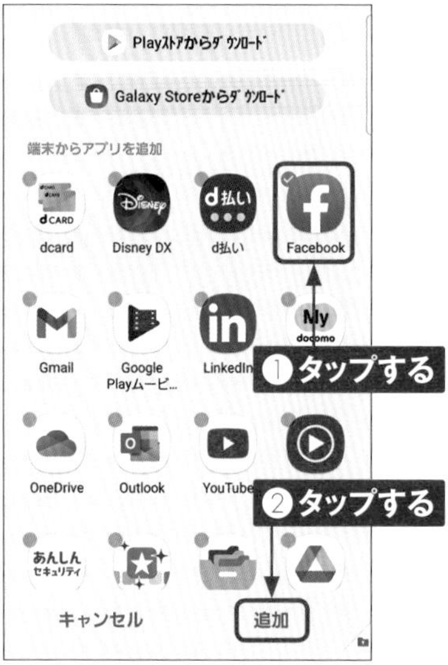

3 アプリが追加されました。セキュリティフォルダからアプリを削除したい場合は、アプリをロングタッチして、<アンインストール>をタップします。なお、最初から表示されているアプリは削除できません。

MEMO 複数アカウントで使用する

セキュリティフォルダに追加されたアプリは、通常のアプリとは別のアプリとして動作するので、別のアカウントを登録することができます。また、メッセージ系のアプリは、[設定]の<便利な機能>→<デュアルメッセンジャー>で、同時に複数利用することができます。そのため、アプリによっては、同時に3つの別のアカウントを使い分けることが可能です。ただし、登録に電話番号が必要なアプリは、別のSIMを用意して入れ替えるなどの必要があるため、同時利用はあまり現実的ではありません。

セキュリティフォルダを非表示にする

1 ［アプリ一覧］画面に表示されているセキュリティフォルダのアイコンは、非表示にできます。あらかじめSec.63を参考に、「セキュリティフォルダ」のアイコンをクイック設定ボタンに登録しておきます。クイック設定ボタンを表示し、下方向にスワイプします。

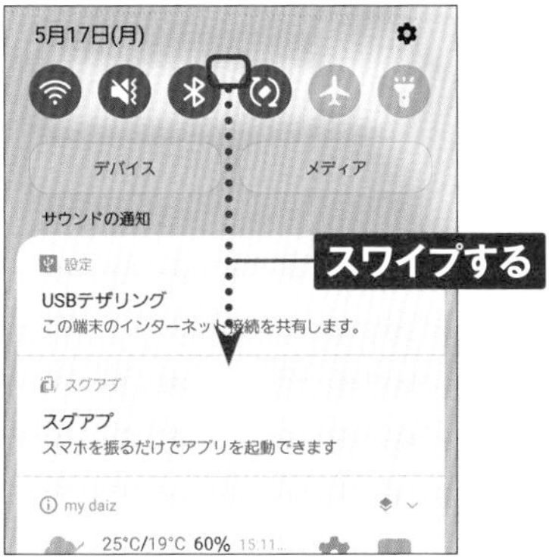

2 ほかのクイック設定ボタンが表示されるので、スワイプして「セキュリティフォルダ」のアイコンを表示します。

3 ＜セキュリティフォルダ＞をタップすると、アプリ一覧画面のセキュリティフォルダアイコンの非表示と表示を切り替えることができます。

MEMO

セキュリティフォルダ内のアプリも［履歴］画面に表示される

セキュリティフォルダ内のアプリも、[履歴]画面に表示されます。セキュリティフォルダ内のアプリは、アプリアイコンにセキュリティフォルダのマークが表示されます。人に見られたくないアプリを使用した場合は、[履歴]画面でアプリのサムネイルを上方向にフリックして、[履歴]画面から削除しておきましょう。

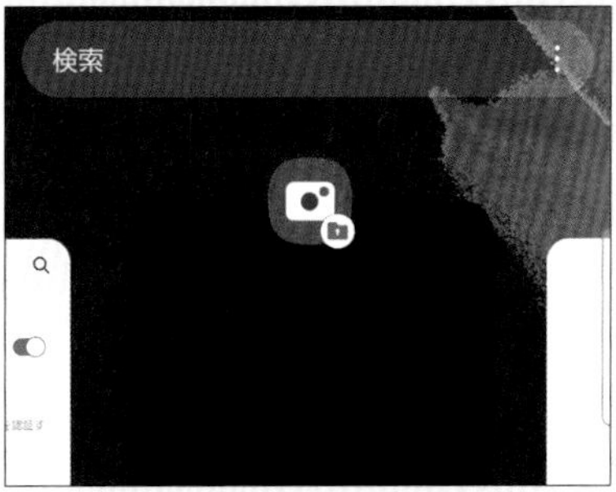

Section 56

Bixby Visionで被写体の情報を調べる

S21/S21 Ultraでは、Galaxyシリーズに搭載されているパーソナルアシスタント機能Bixby（ビクスビー）が利用できます。ここでは、被写体の情報を調べることができるBixby Visionの利用法を紹介します。

撮影した写真の情報を調べる

1 Sec.47を参考に、［ギャラリー］アプリで、情報を調べたい写真を表示し、⊙をタップします。

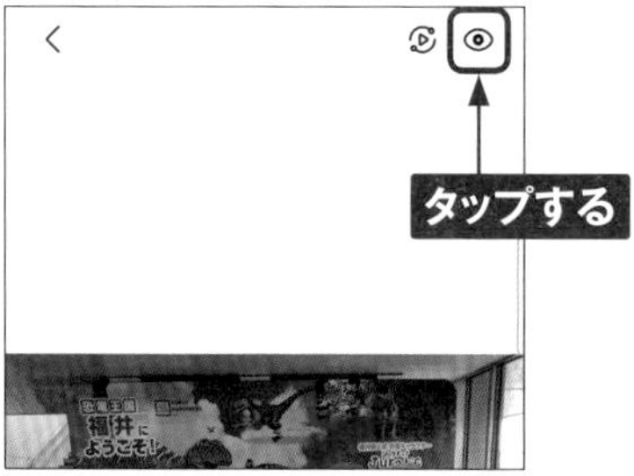

2 Bixby Visionが起動し、被写体の情報が表示されます。ここでは、写真の文字を調べてみましょう。下部のアイコンを右方向にスワイプします。

3 アイコンをTに合わせると、写真の文字が選択され、利用することができます。

MEMO

Bixby Visionで調べられる情報

手順**2**のように、アイコンを選択することで、特定の情報を調べることができます。アイコンは、左から「ワインの情報」「翻訳」「被写体の情報を調べる」「オンラインでの販売情報」「QRコード」となっています。

カメラに写した被写体の情報を調べる

1 ［カメラ］アプリを起動し、＜その他＞をタップします。

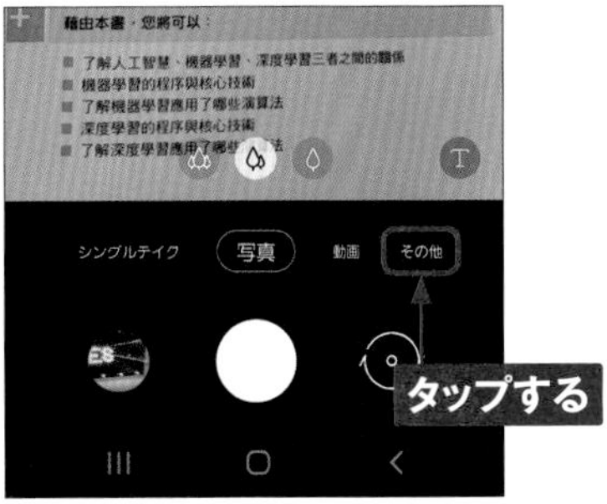

2 ＜BIXBY VISION＞をタップします。

3 情報を調べたい被写体にカメラを向けます。ここでは、翻訳機能を使ってみましょう。下部のアイコンを右方向にスワイプして、Tに合わせます。

4 翻訳したい文字をタップして選択し、＜翻訳＞をタップします。

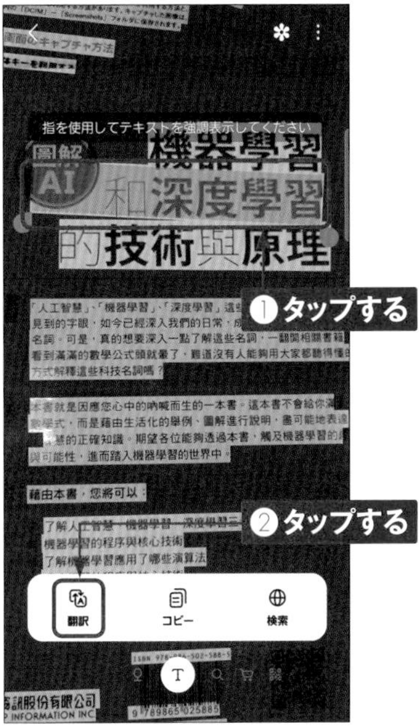

5 翻訳結果が表示されます。

Section 57 Bixby Routinsでタスクを自動化する

Bixby Routinesは、Bixbyの自動化機能で、よく行う操作を時間や場所を指定して、自動的に行うよう設定できる機能です。操作を割り振ったボタンを作成することも可能です。

ルーチンを登録する

1 ここでは、毎週金曜の18時に通知をオフにするルーチンを登録します。<設定>→<便利な機能>→<Bixby Routines>をタップします。<ルーチンを追加>をタップします。

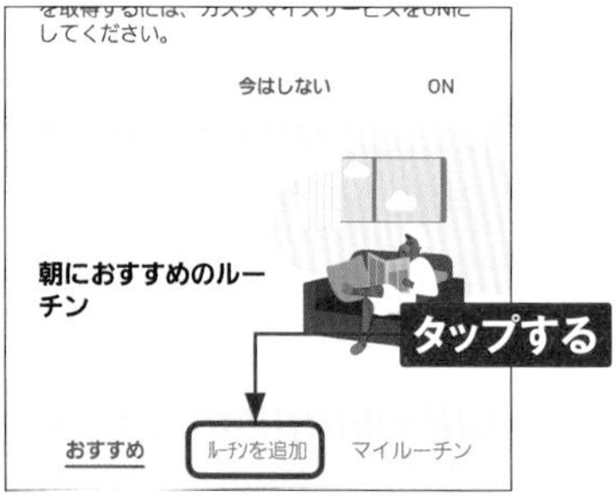

2 最初に起動する条件を設定します。<条件>をタップします。

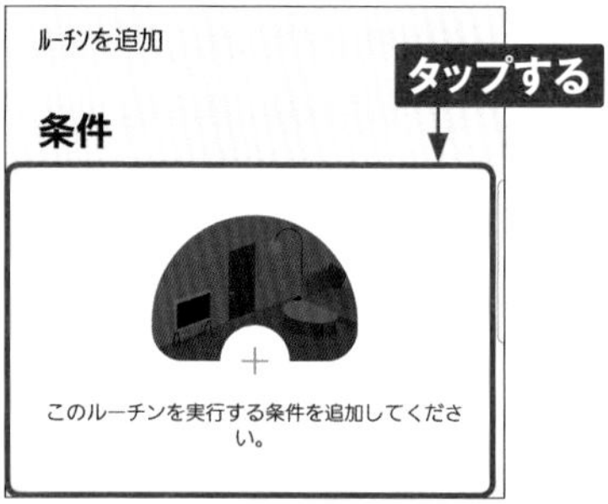

3 お勧めの起動条件が表示されるので、ここでは<指定時刻>をタップします。上部の検索欄に入力することで、起動条件を検索することができます。

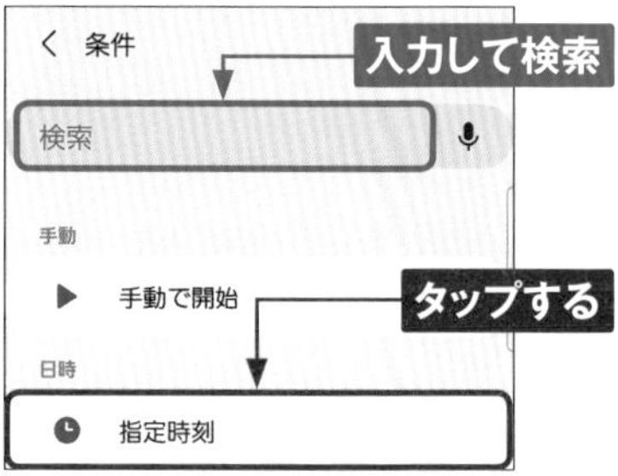

4 時刻や繰り返しなどを設定して、<完了>をタップします。

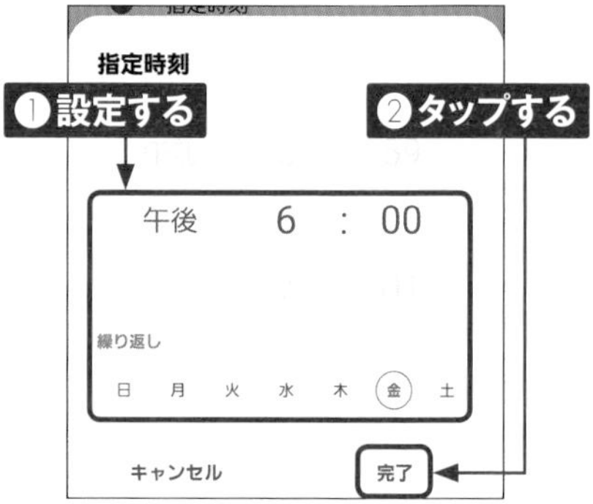

5 次に実行する内容を設定します。<実行内容>をタップします。なお、＋をタップして、複数の条件を設定することができます。

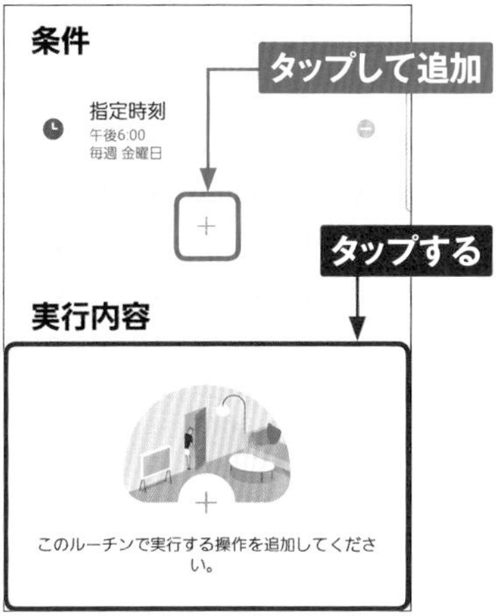

6 お勧めの実行内容が表示されるので、ここでは<通知>をタップします。

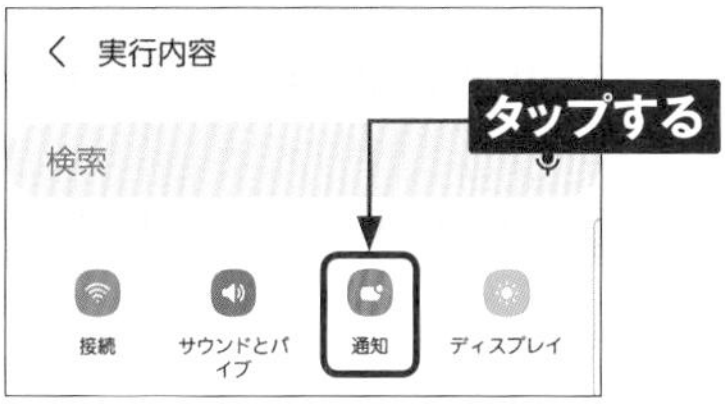

7 <通知をミュート>をタップして、<ON>→<完了>をタップします。

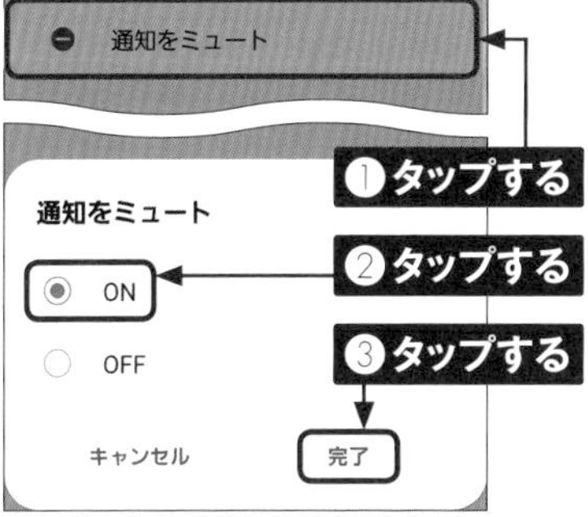

8 条件と実行内容を登録したら、<次へ>をタップします。

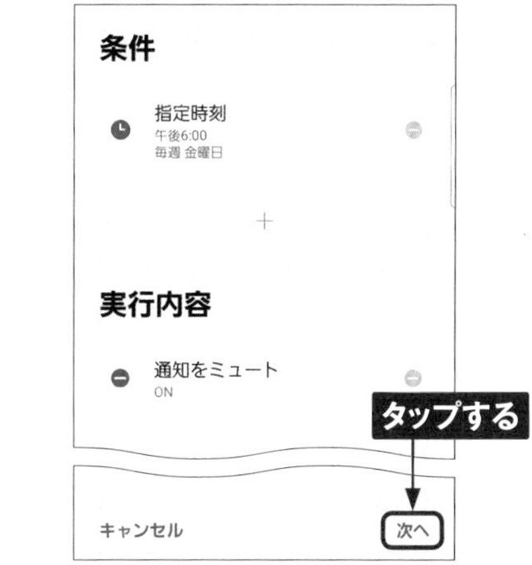

9 ルーチンの名前を入力し、アイコンを設定して、<完了>をタップします。

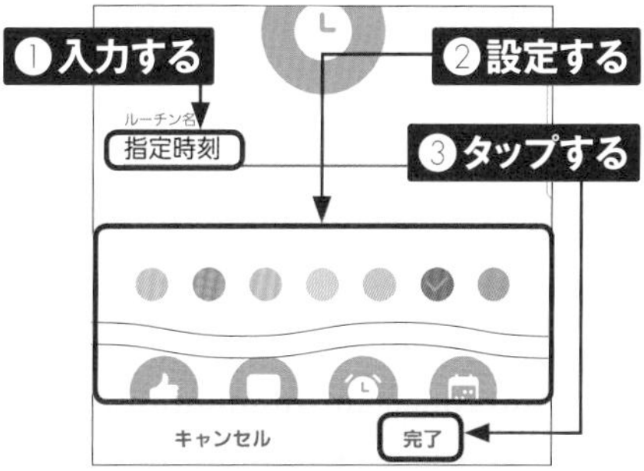

10 「マイルーチン」に作成したルーチンが登録されます。<おすすめ>をタップすると、代表的なルーチンが表示され、編集して利用することができます。

7

Section 58 ディスプレイやパソコンに接続して使用する

S21/S21 Ultraをディスプレイやパソコンに接続することで、画面をディスプレイに表示することができます。大きな画面で動画を楽しんだり、パソコンのように利用することもできます。

2つの接続モード

S21/S21 Ultraは、ディスプレイやパソコンに接続して画面を表示することができます。ディスプレイに接続したときは「画面共有」モードと独自モードである「DeX」モード、パソコン（Windows 10/7、Mac OS 10.13以降対応）では「DeX」モードが利用できます。なお、ディスプレイやパソコンに接続するには、有線ではそれぞれの規格に合ったケーブル、無線ではMiracast対応が必要になります。また、パソコンに接続して「DeX」モードを利用するためには、あらかじめ「https://www.galaxymobile.jp/apps/dex/」からパソコン用のDeXアプリをインストールする必要があります。

●画面共有

S21/S21 Ultraの画面をそのままディスプレイに表示するモードです。操作は通常のS21/S21 Ultraの操作と変わりません。ただし、縦画面では大きな余白が表示されます。

●DeX

S21/S21 Ultraをパソコンのアプリのように利用できるモードです。DeXに対応したアプリであれば、アプリのウィンドウは自由に大きさを変更でき、全画面表示も可能です。パソコンに接続すれば、パソコンのマウスやキーボードが操作に利用でき、ディスプレイ接続の場合は、S21/S21 UltraにBluetooth接続したマウスやキーボード、もしくはS21/S21 Ultraをマウスパッドのように利用するモードもあります。

有線でディスプレイ接続時にモードを切り替える

1 ディスプレイとS21/S21 Ultraを有線ケーブルで接続すると、DeXのデスクトップ画面が表示されます。画面共有にしたい場合は、アプリ一覧画面で<設定>をタップし、<接続>をタップします。

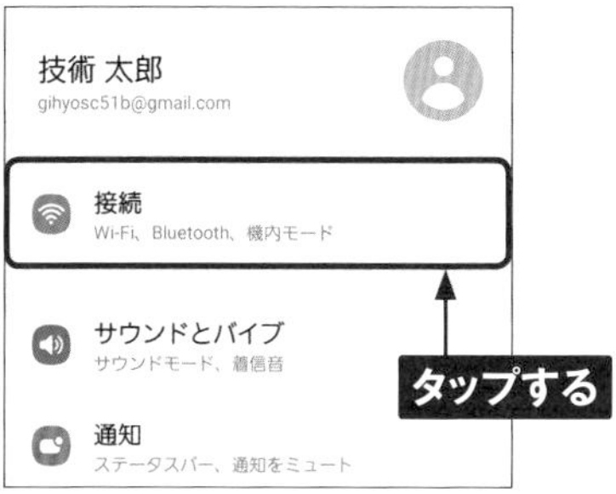

2 <その他の接続設定>をタップします。

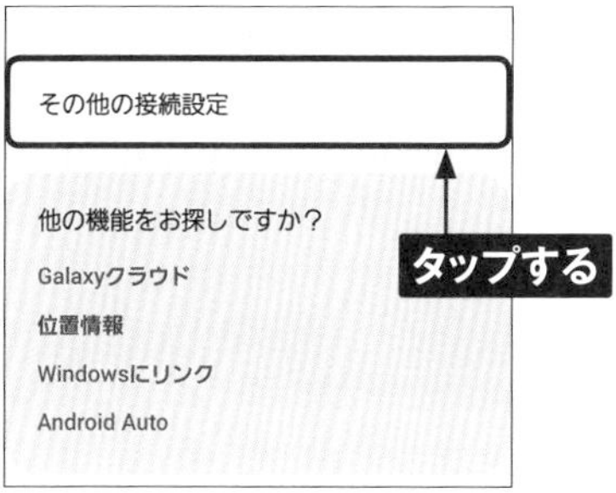

3 <HDMIモード>をタップします。

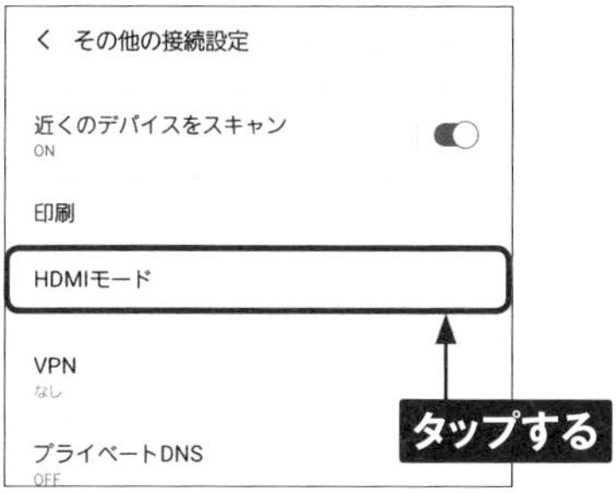

4 <画面共有>をタップすると、画面共有モードになります。DeXモードに戻すには、同じ操作で<Samsung DeX>をタップします。

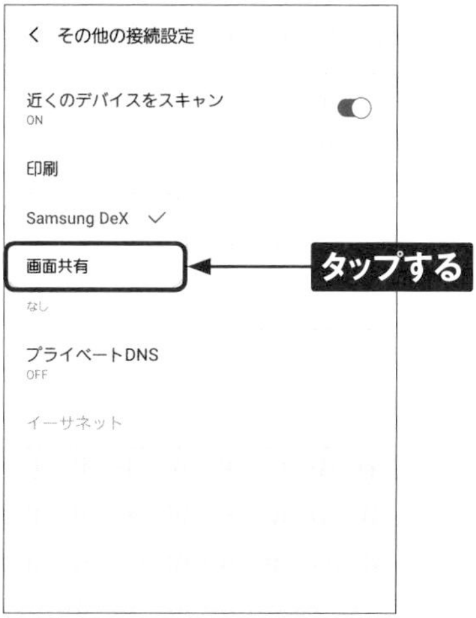

MEMO

パソコンに接続する

パソコン用のDeXアプリをインストール済みのパソコンにS21/S21 Ultraを有線で接続すると、S21/S21 Ultraに以下のように表示されるので、<今すぐ開始>をタップすると、DeXがウィンドウで起動します。

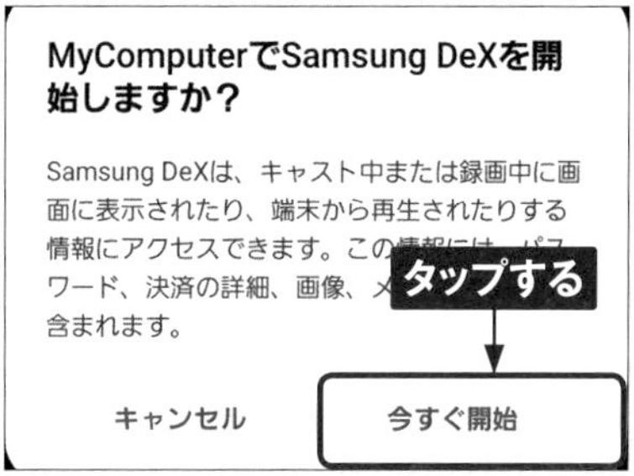

Section 59 画面をキャプチャする

表示している画面をキャプチャするには、本体キーを利用する方法と、スワイプキャプチャを利用する方法があります。キャプチャした画像は、本体内の「DCIM」－「Screenshots」フォルダに保存されます。

画面のキャプチャ方法

●本体キーを利用する

キャプチャしたい画像を表示して、音量キーの下側と電源キーを同時に押します。

●スワイプキャプチャを利用する

キャプチャしたい画像を表示して、画面上を手の側面（手の平を立てた状態）で、左から右、または右から左にスワイプします。

Chapter 8

S21/S21 Ultraを使いこなす

Section 60

ホーム画面をカスタマイズする

ホーム画面には、アプリアイコンを配置したり、フォルダを作成してアプリアイコンをまとめることができます。また、壁紙やテーマを変更することができます。

ホーム画面にアプリアイコンを配置する

1 ホーム画面のをタップして、[アプリ一覧]画面を開きます。ホーム画面に配置するアプリアイコンをロングタッチして、メニューの＜ホーム画面に追加＞をタップします。

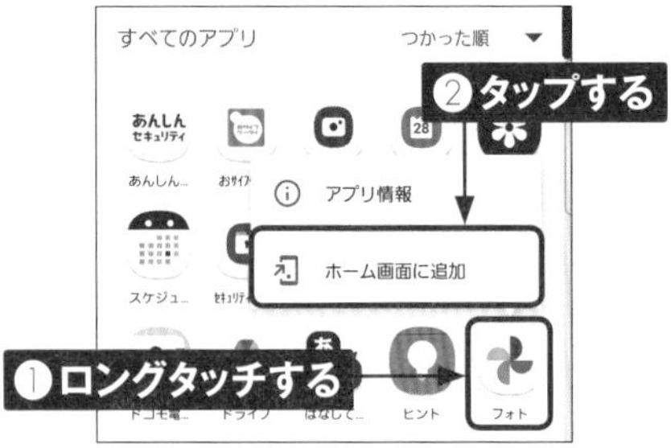

2 ホーム画面にアプリアイコンが追加されます。

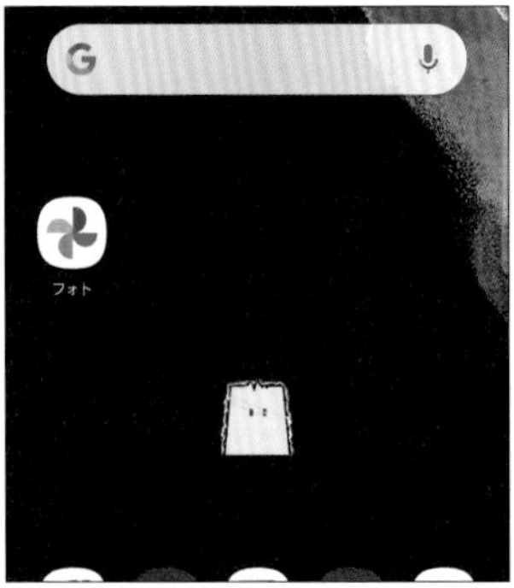

3 ホーム画面でアプリアイコンの場所を変えるときは、アイコンをロングタッチして、そのままドラッグします。

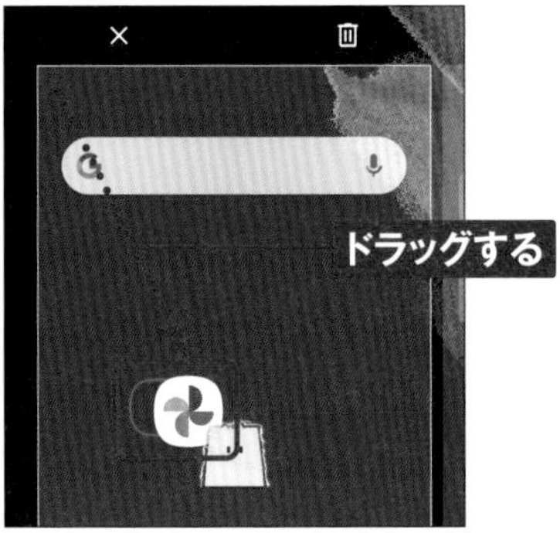

4 移動したい場所で指を離すと、アプリアイコンが移動します。

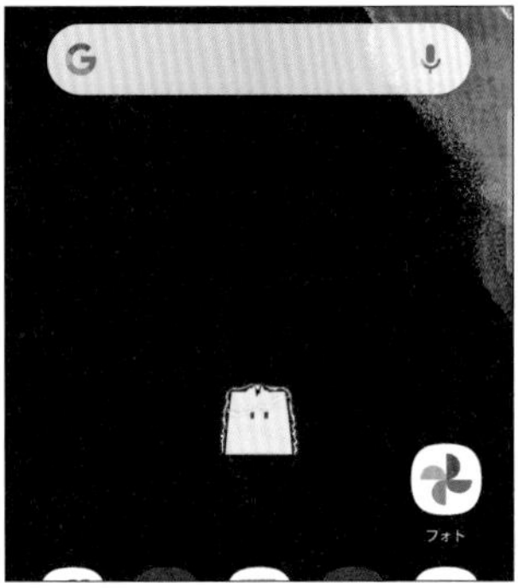

フォルダを作成する

1 ホーム画面でフォルダに入れたいアイコンをロングタッチして、そのままほかのアイコンにドラッグして重ねます。

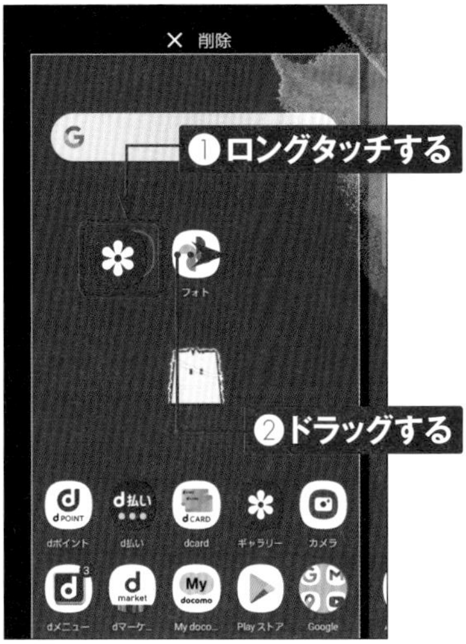

2 「フォルダの作成」画面で<作成する>をタップします。

3 フォルダが作成されます。フォルダをタップします。

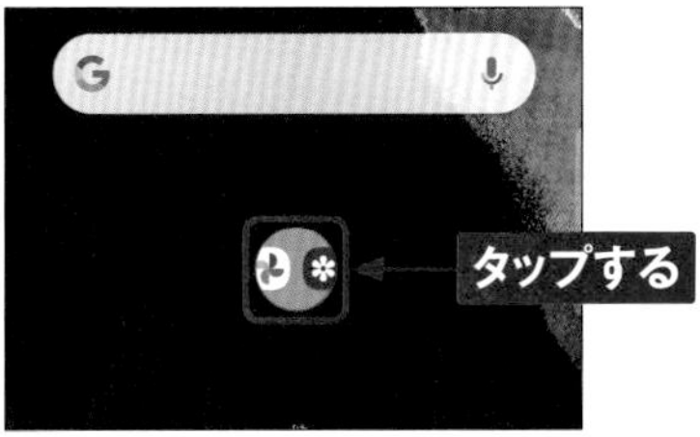

4 フォルダが開きます。フォルダ名をタップして名前をつけ直すことができます。

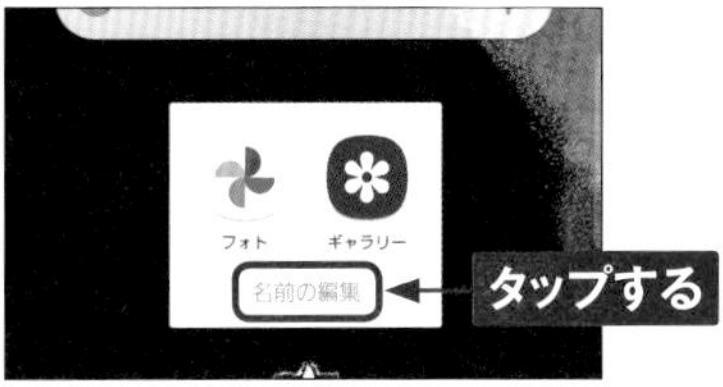

MEMO

ロングタッチメニューを利用する

アイコンをロングタッチすると、メニューが表示されます。メニューからアプリを操作したり、情報を見たりすることができます。

ホームの壁紙を好みの画像に変更する

1 ［設定］画面を開いて、＜壁紙＞をタップします。

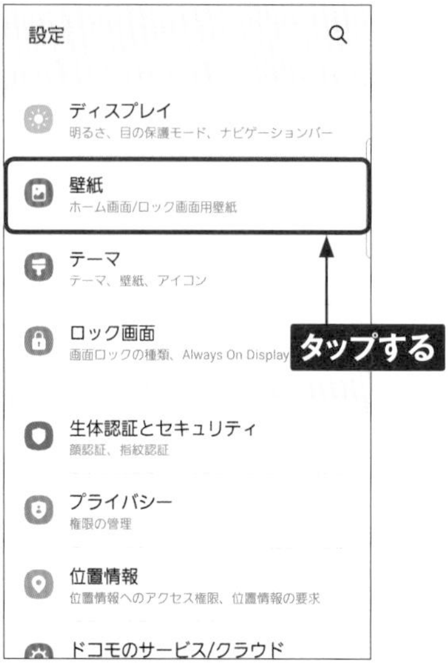

2 ［壁紙］画面が表示され、現在設定中の壁紙が確認できます。＜マイ壁紙＞をタップします。＜ギャラリー＞をタップすると、本体内の写真を選択できます。

3 設定したい壁紙をタップします。

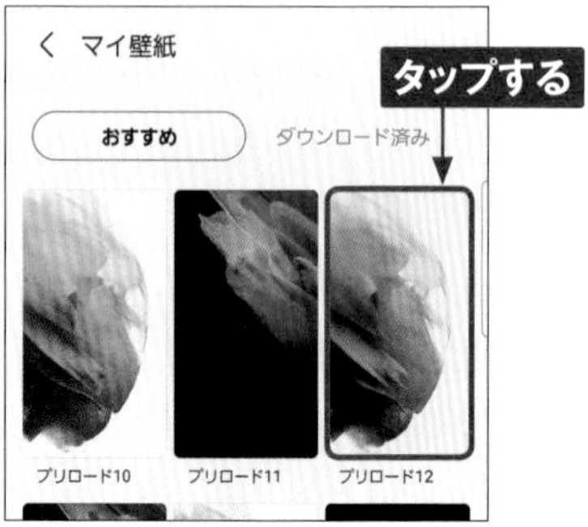

4 ＜ホーム画面＞、＜ロック画面＞、＜ホーム画面とロック画面＞のいずれか（壁紙によって異なります）を選んでタップします。

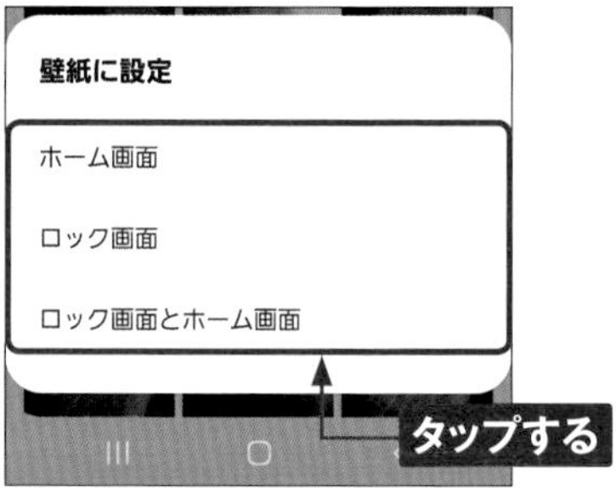

5 プレビューが表示されます。＜ホーム画面に設定＞をタップすると、壁紙が変更されます。

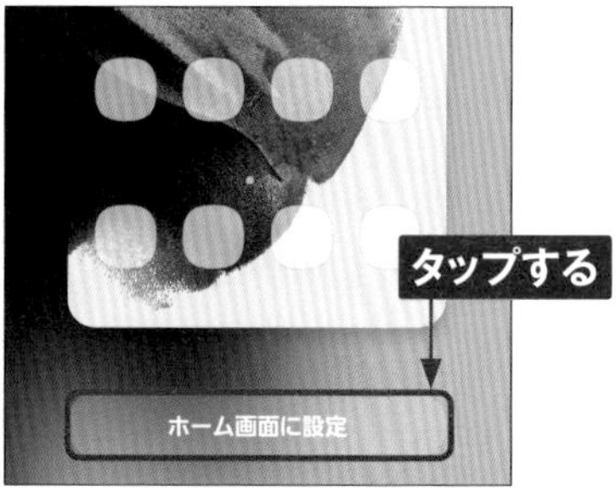

動画をロック画面の壁紙にする

1 ［ギャラリー］アプリでロック画面の壁紙にしたい動画を開き（Sec.47参照）、右下の ⋮ をタップし、＜壁紙に設定＞→＜ロック画面＞をタップします。

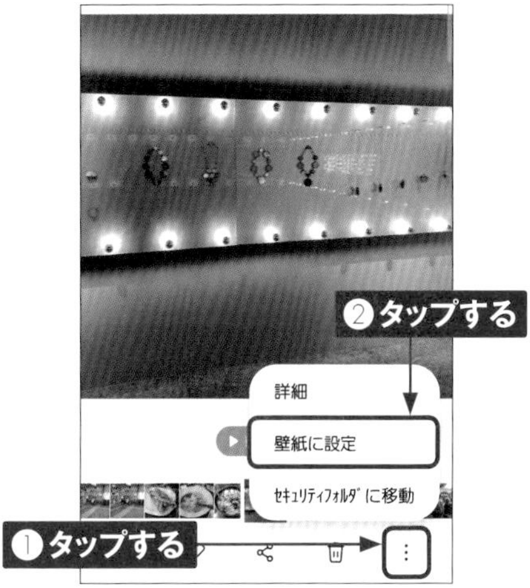

2 15秒以上の動画は15秒以内にする必要があります。＜✂＞→＜許可＞をタップします。15秒以下の場合は、手順**4**の画面が表示されます。

3 下部のハンドルをドラッグして範囲を指定し、＜完了＞をタップします。

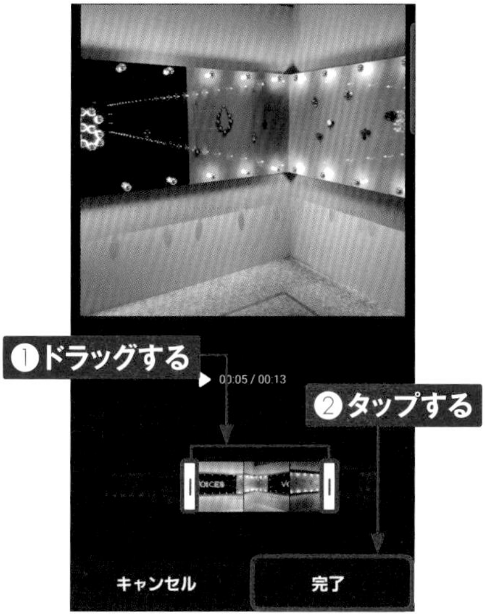

4 ＜ロック画面に設定＞をタップします。ロック画面を表示すると動画が再生されます。

8

テーマを変更する

1 ［設定］画面を開いて、＜テーマ＞をタップします。

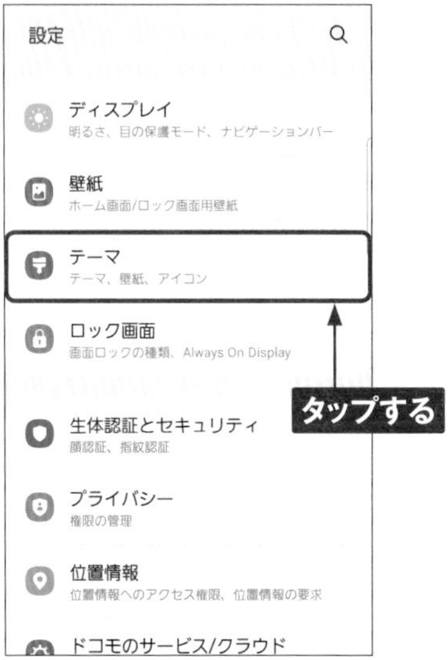

2 ［Galaxy Themes］が表示され、「おすすめ」のテーマが表示されます。上方向にスワイプすると、他のテーマを見ることができます。

3 ＜人気＞をタップします。

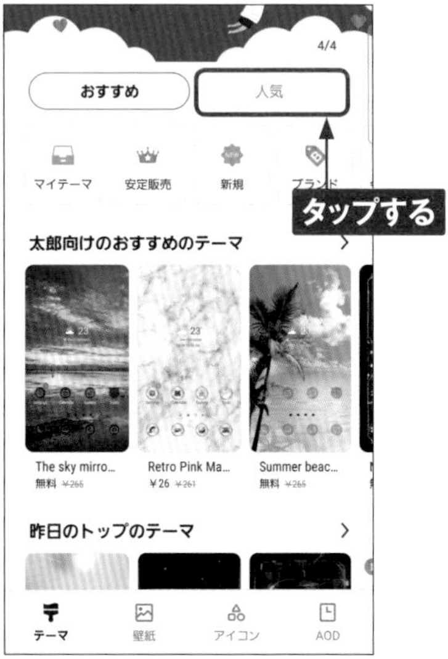

4 ここでは、＜全て＞をタップし、＜無料＞をタップします。

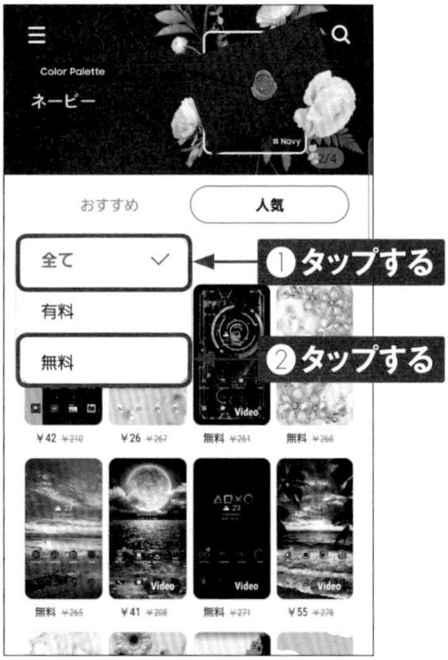

5 利用したいテーマをタップします。なお、テーマの利用にはGalaxyアカウント（Sec.50参照）が必要です。

6 テーマを確認して、＜無料＞または＜ダウンロード＞→＜同意する＞をタップします。

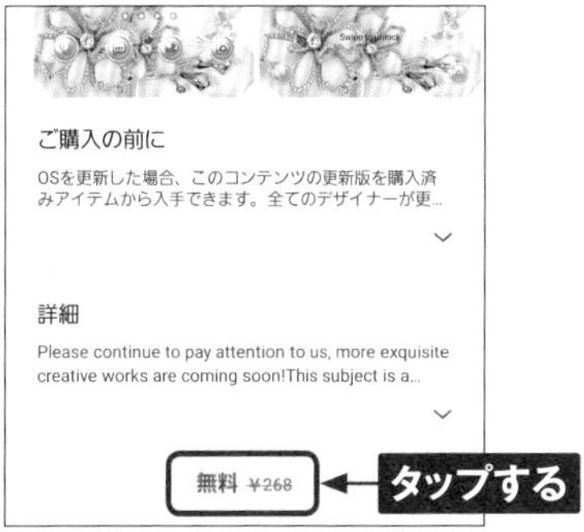

7 ダウンロードが終了したら、＜適用＞をタップします。

8 テーマが変更されました。

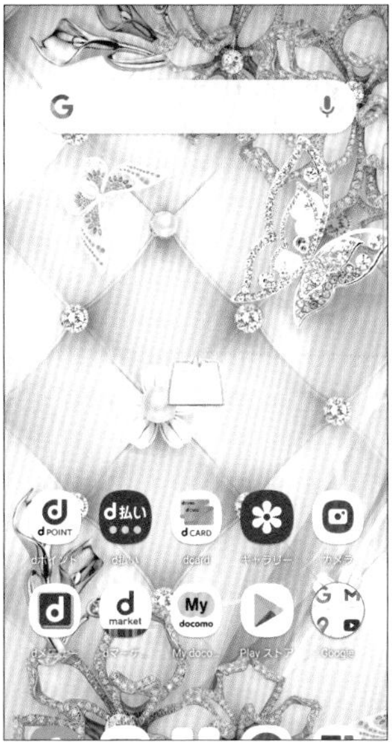

MEMO

テーマを元に戻す

テーマを元に戻すには、P.166手順**2**の画面で左上の ≡ をタップして＜マイコンテンツ＞をタップします。［マイコンテンツ］画面で＜標準＞をタップします。

Section 61

ウィジェットを利用する

S21/S21 Ultraのホーム画面にはウィジェットを配置できます。ウィジェットを使うことで、情報の閲覧やアプリへのアクセスをホーム画面上から簡単に行えます。

ウィジェットとは

ウィジェットとは、ホーム画面で動作する簡易的なアプリのことです。情報を表示したり、タップすることでアプリにアクセスしたりすることができます。標準で多数のウィジェットがあり、Google Playでアプリをダウンロードするとさらに多くのウィジェットが利用できます。これらを組み合わせることで、自分好みのホーム画面の作成が可能です。ウィジェットの移動や削除は、P.162のアプリアイコンと同じ操作で行えます。なお、ここではdocomo LIVE UXでのウィジェットの操作手順を解説します。

ウィジェットを追加する

1 ホーム画面の何もないところをロングタッチして、<ウィジェット>をタップします。

2 画面を上下にスワイプして追加したいウィジェットを探し、ウィジェットをロングタッチします。

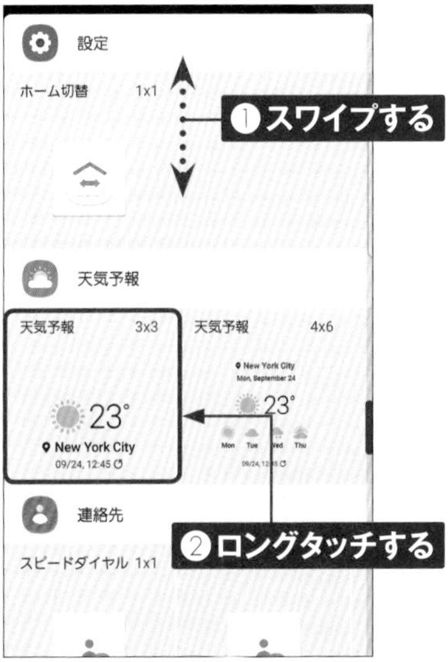

3 事前に設定やアクセスの許可が必要なウィジェットもあります。右下の<保存>をタップします。

4 ホーム画面にウィジェットが追加されます。ウィジェットをロングタッチしてそのままドラッグすると好きな場所に移動する事ができます。

5 ウィジェットの中にはロングタッチして、大きさを変更できるものもあります。

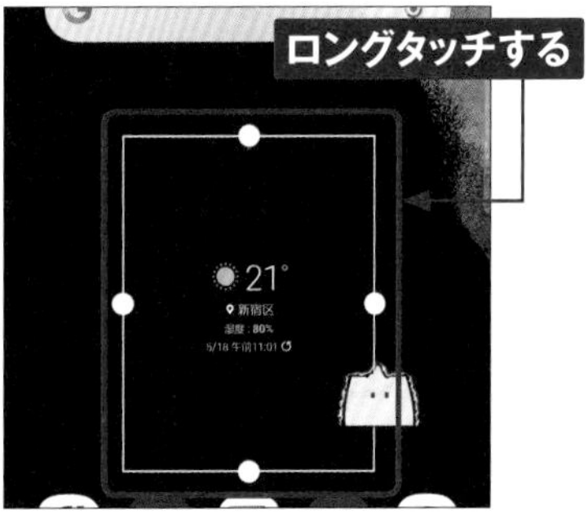

Section 62

アプリを分割表示する

S21/S21 Ultraでは、1画面に2つのアプリを分割表示したり、アプリ上に他のアプリをポップアップ表示したりすることができます。なお、一部のアプリはこの機能に対応していません。

分割画面を表示する

1 いずれかの画面で、履歴ボタンをタップします。

2 履歴一覧が表示されるので、分割画面の上部に表示したいアプリのアイコン部分をタップします。

3 ＜分割画面表示で起動＞をタップします。

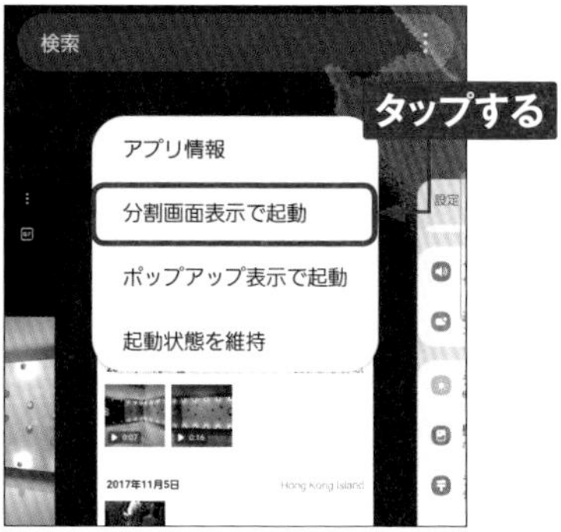

4 をタップします。[アプリ]パネルに登録してあるアプリをタップすると、そのアプリが下部に表示されます。

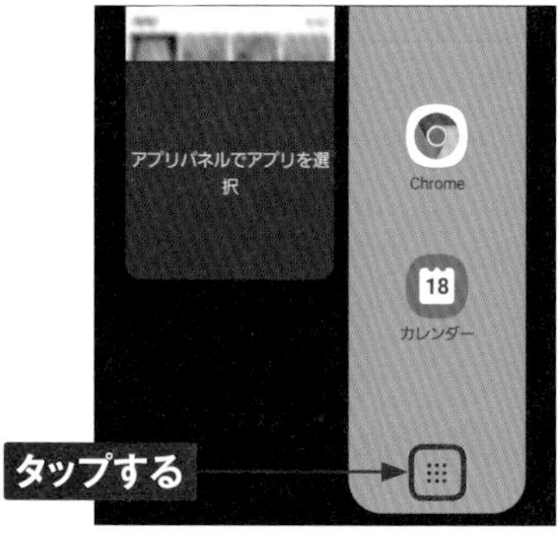

8

5 分割画面で起動できるインストール済みのアプリが表示されるので、下部に表示したいアプリをタップします。

6 上下に選択したアプリが表示されます。境界線をドラッグします。

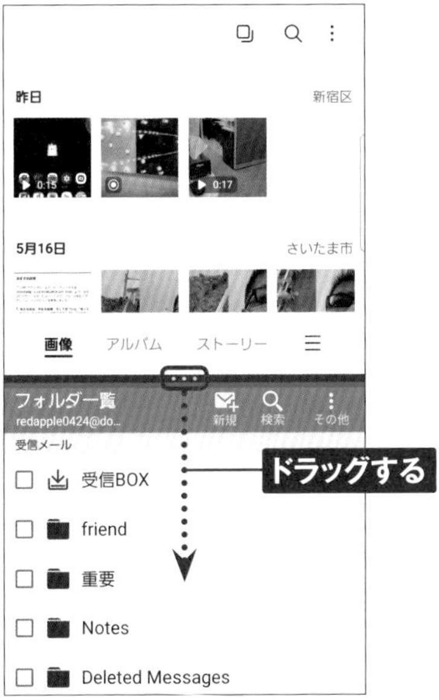

7 表示範囲が変わりました。アプリをタップして選択し、<を何度かタップすると、選択中のアプリが終了し、残ったアプリが全画面表示になります。

MEMO

アプリをポップアップ表示する

P.170手順**3**の画面で、<ポップアップ表示で起動>をタップすると、そのアプリがポップアップで表示されます。ドラッグして場所を移動したり、上部のアイコンをタップして、全画面、縮小表示などができます。

Section 63

クイック設定ボタンを利用する

通知パネルの上部に表示されるクイック設定ボタンを利用すると、[設定] などを表示せずに、各機能のオン/オフを切り替えることができます。

機能をオン/オフする

1 ステータスバーを下方向にスクロールします。

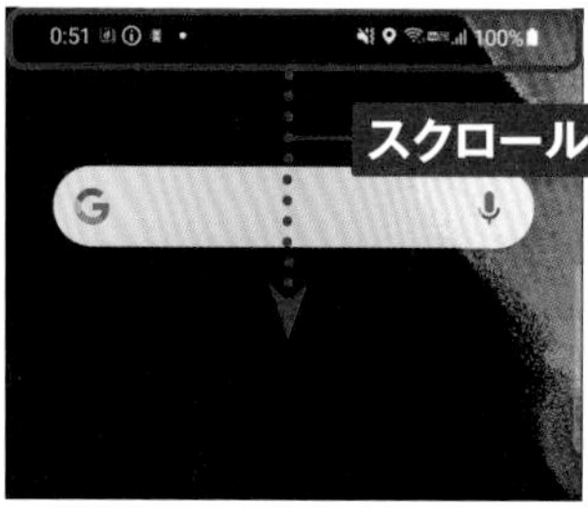

2 通知パネルの上部に、クイック設定ボタンが表示されています。青いアイコンが機能がオンになっているものです。タップするとオン/オフを切り替えることができます。クイック設定ボタンを下方向にスワイプします。

3 ほかのアイコンが表示されます。ロングタッチすることで、設定画面が表示できるアイコンがあります。ここではをロングタッチします。

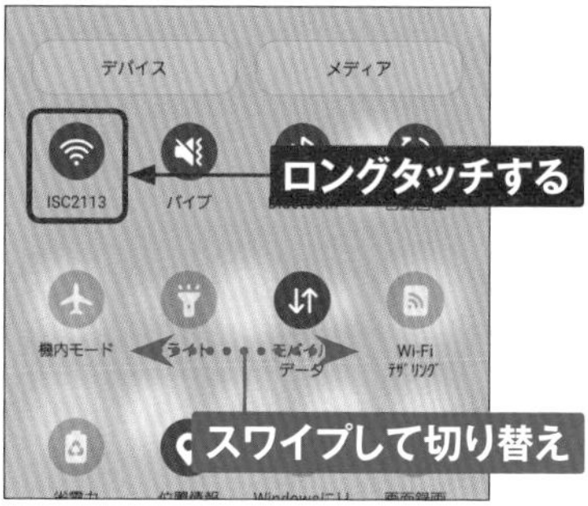

4 「Wi-Fi」画面が表示され、Wi-Fiの設定を行うことができます。

クイック設定ボタンを編集する

1 P.172手順3の画面を表示して、左方向に1回スワイプします。をタップします。

2 下部にクイック設定ボタンに表示されているボタン、上部に非表示のボタンが表示されます。それぞれ左右にスワイプすることで、他のクイック設定ボタンを確認することができます。

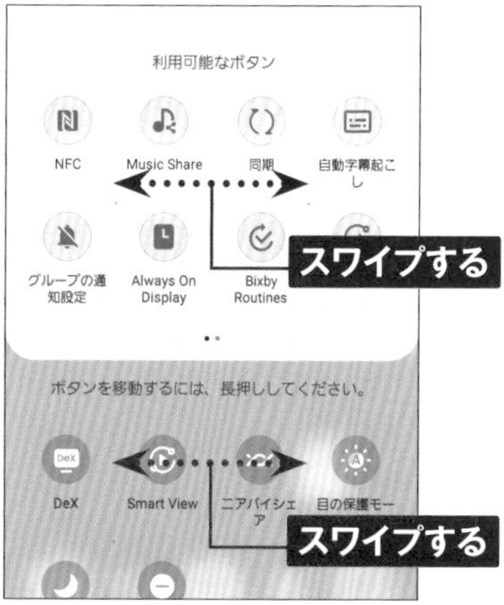

3 それぞれのクイック設定ボタンを長押ししてドラッグすることで、場所を移動することができます。非表示のボタンを表示に追加するには、上部のボタン（ここでは＜セキュリティフォルダ＞）を長押しして、下部の表示されているボタンエリアにドラッグします。

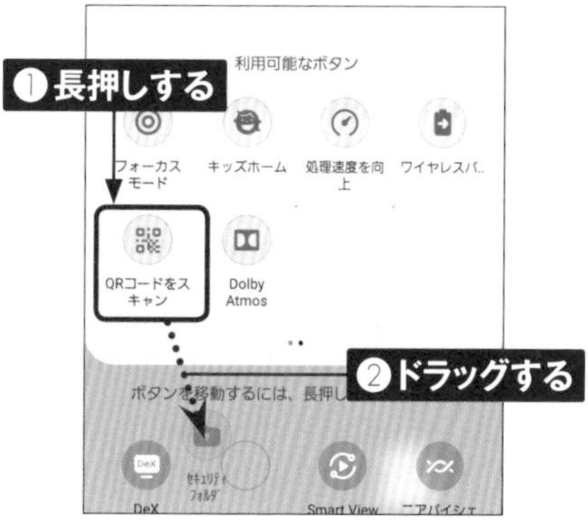

4 アイコンを移動したら、＜完了＞をタップします。＜リセット＞をタップすると、標準の設定に戻すことができます。

Application

Section 64

ナビゲーションバーをカスタマイズする

ナビゲーションバーのボタンは、配置などをカスタマイズすることができます。使いやすいように、変更してみましょう。

ボタンの配置を変更する

1 ナビゲーションバーのボタンは、標準では左から履歴・ホーム・戻るの順に並んでいます。

2 これを変更するには、[アプリ一覧]画面から、<設定>をタップし、<ディスプレイ>をタップします。

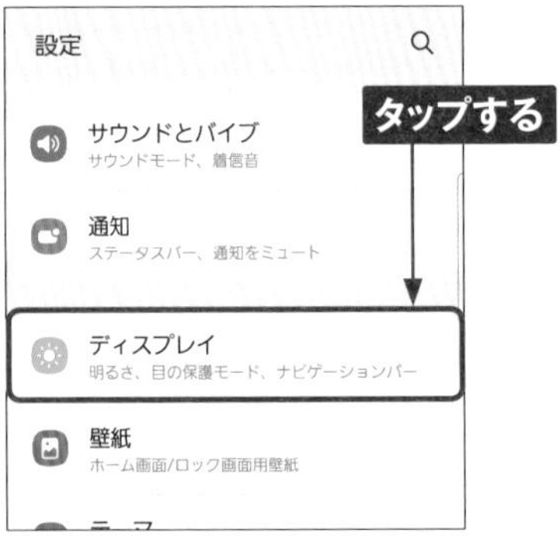

3 <ナビゲーションバー>をタップします。

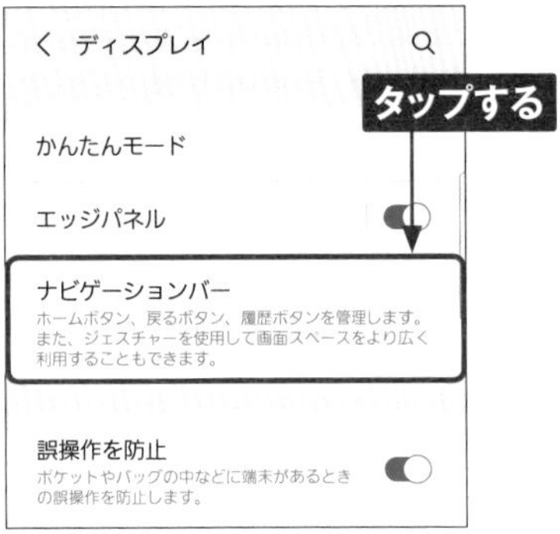

4 「ボタンの順序」欄の下部をタップします。

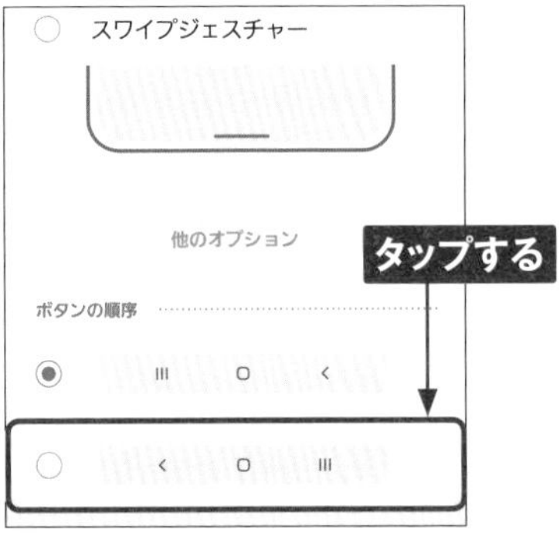

5 下部のボタンの表示が変わりました。□をタップして、ホーム画面に戻ってみましょう。

6 ホーム画面でも同様に、ボタンの順序が変わっています。

7 P.174手順4の画面で、「ナビゲーションタイプ」欄の＜スワイプジェスチャー＞をタップします。

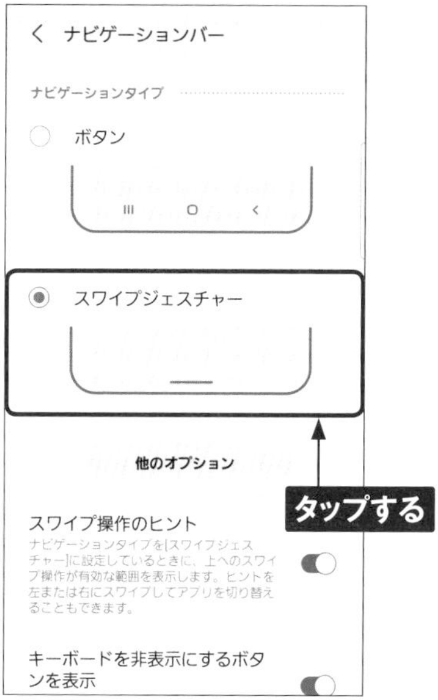

8 ボタンの表示がバーになり、画面が広く使えるようになります。この場合、タップする代わりに、下部から上方向にスワイプします。

Section 65

片手操作に便利な機能を設定する

S21/S21 Ultraのディスプレイは大きく迫力がありますが、そのため指が上まで届かなかったりと片手での操作が不便なことがあります。ここでは片手操作に便利な機能を紹介します。

片手モードを設定する

1 ［設定］画面を開いて、＜便利な機能＞をタップします。

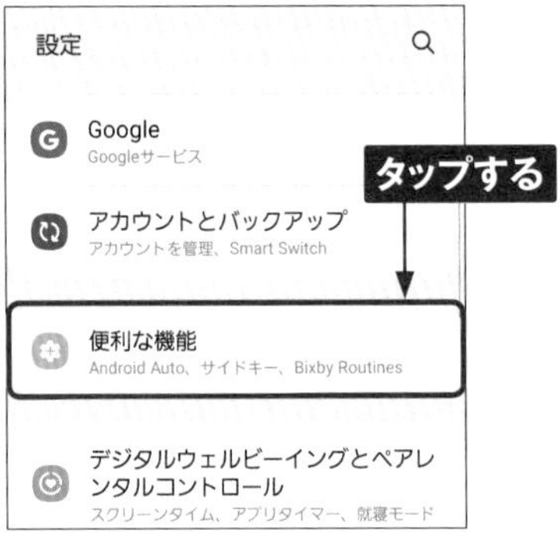

2 ＜片手モード＞をタップします。

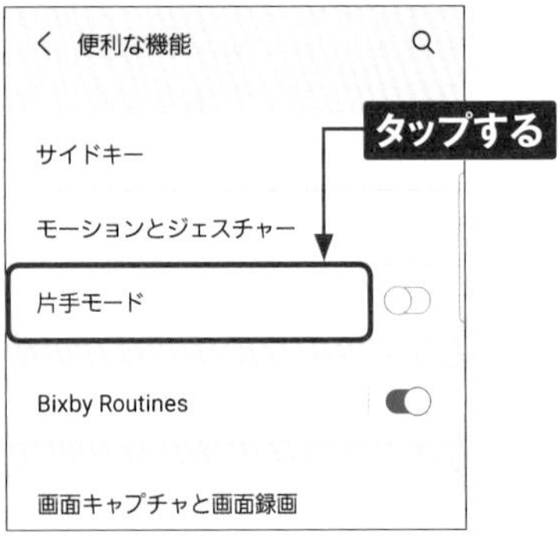

3 ＜OFF＞をタップして、＜ON＞にします。

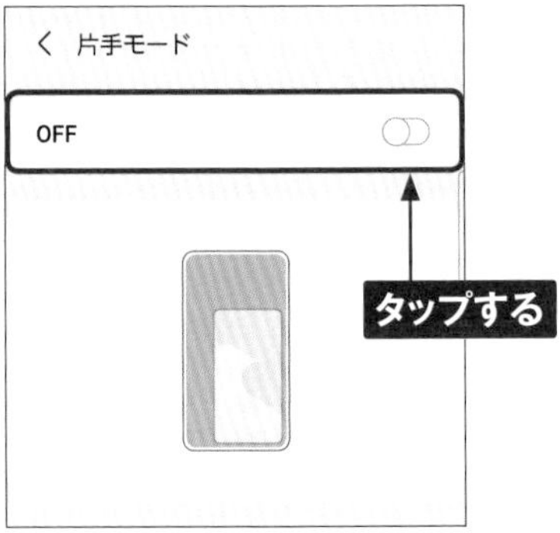

4 ＜ジェスチャー＞または＜ボタン＞をタップして選択します。ここでは＜ジェスチャー＞を選択します。

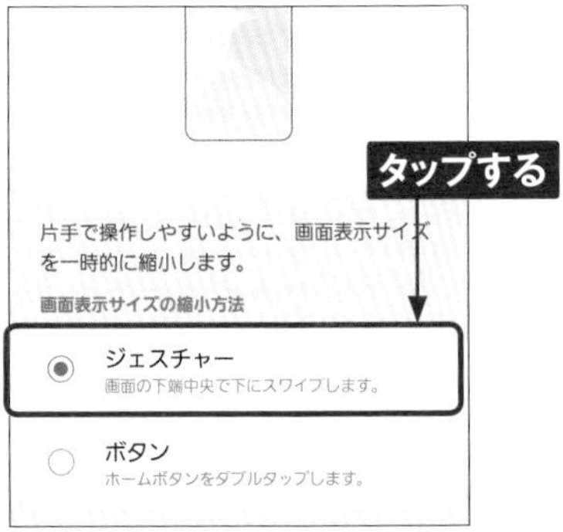

画面を縮小する

1 ホーム画面やアプリ使用中に画面の下部中央を下に向かってスワイプします。

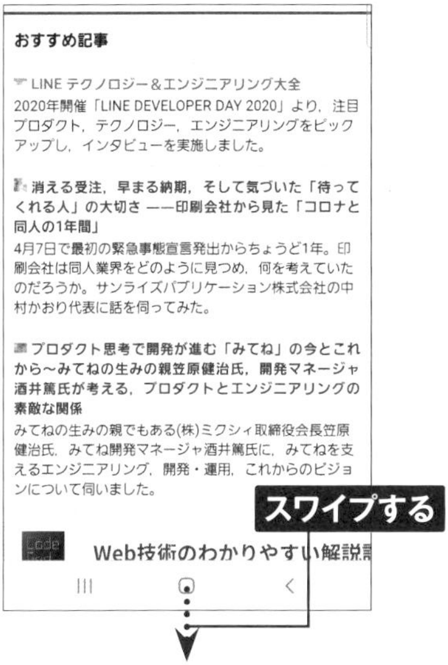

2 右に寄った状態で画面が縮小表示され、画面の上の方にも指が届きやすくなります。左右を変更するときは、＜をタップします。

3 画面が右から左に移動しました。何もないところをタップします。

4 片手モードが解除されます。

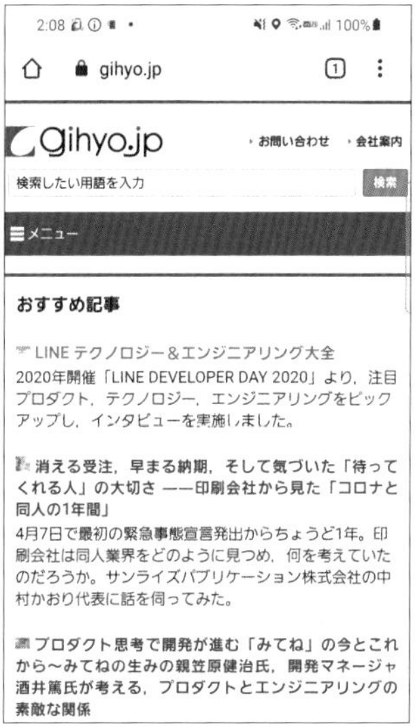

Section 66

アプリの通知設定を変更する

ステータスバーやポップアップで表示されるアプリの通知は、アプリごとにオン／オフを設定したり、通知の方法を設定することができます。

曜日や時間で通知をオフにする

1 ［設定］画面を開いて、＜通知＞をタップし、＜通知をミュート＞をタップします。

2 ＜通知をミュート＞をタップすると、すぐにアラーム以外のすべての通知がオフになります。

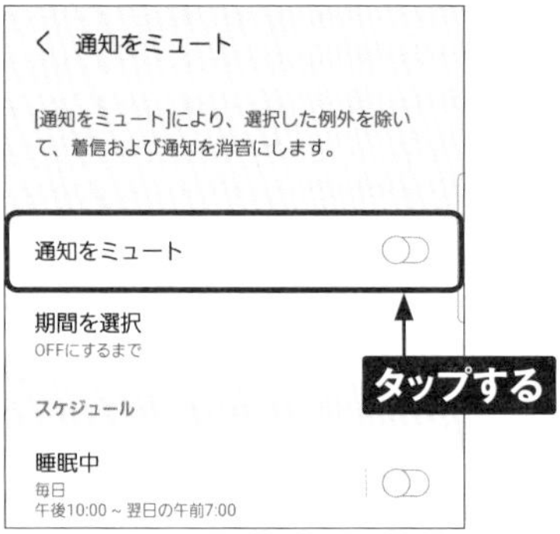

3 スケジュールを決めて通知をオフにするには、「スケジュール」欄の＜スケジュールを追加＞をタップします。

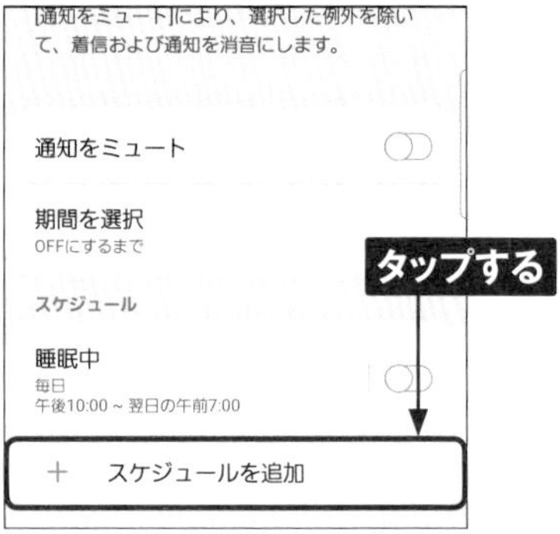

4 スケジュール名を入力し、オフにする曜日を選択し、開始時間と終了を設定します。＜保存＞をタップすると、手順**3**の画面にスケジュールが追加されます。

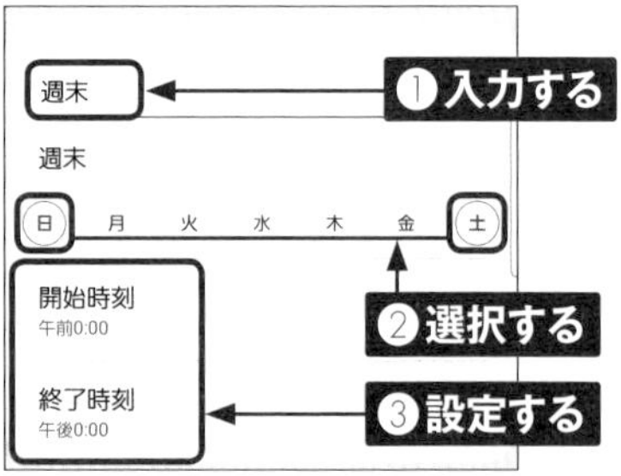

通知を細かく設定する

1 ［設定］画面で＜通知＞をタップし、＜さらに表示＞をタップします。

2 通知を受信しないアプリの をタップすると、オフになります。

3 通知をより細かく設定したい場合は、アプリ名をタップします。

4 各項目をタップして、詳細な通知項目を設定します。

Section 67

画面をダークモードにする

ダークモードをオンにすると、黒が基調の画面表示になります。対応しているアプリにも自動的にダークモードが適用されます。発光量が少ないので目にやさしい上、バッテリー消費量を抑えられます。

画面をダークモードにする

1 ［アプリ一覧］画面から、＜設定＞をタップし、＜ディスプレイ＞をタップします。

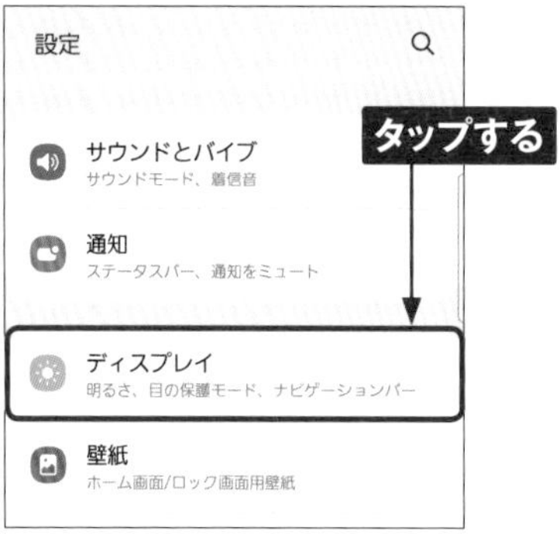

2 ＜ダーク＞をタップします。

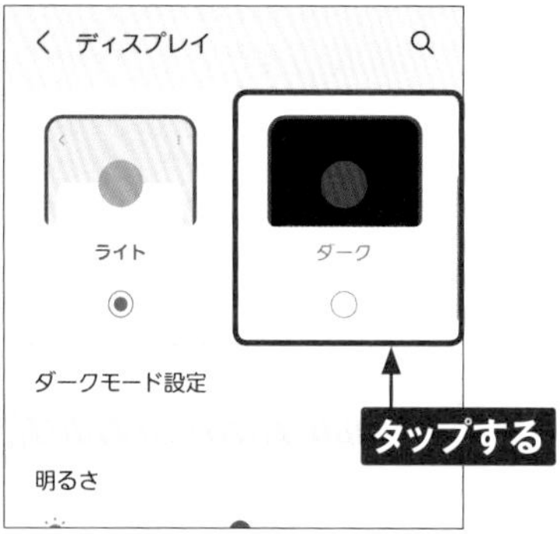

3 ダークモードが適用されて、暗い画面になります。

4 手順2の画面で、＜ダークモード設定＞→＜予定時刻にON＞をタップすると、ダークモードにする時間をスケジューリングすることができます。

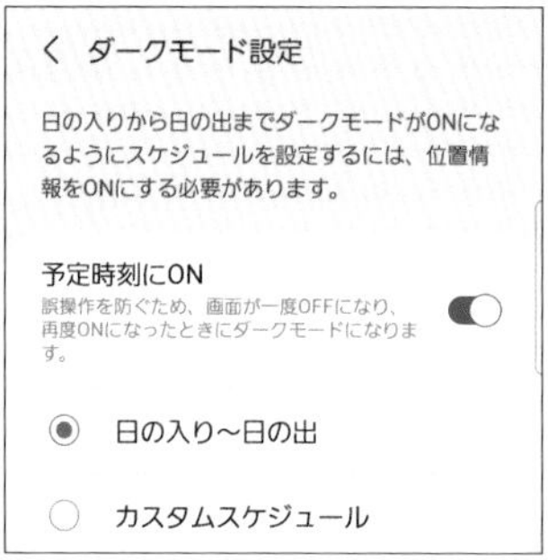

Section 68

画面を見やすくする

S21/S21 Ultraは、表示される文字を大きくして、読みやすくすることができます。また、「画面のズーム」を設定すると、文字だけでなく周りのアイテムも大きくすることができ、画面が見やすくなります。

文字の見やすさを変更する

1 P.180手順**2**の画面を表示し、＜文字サイズとフォントスタイル＞をタップします。

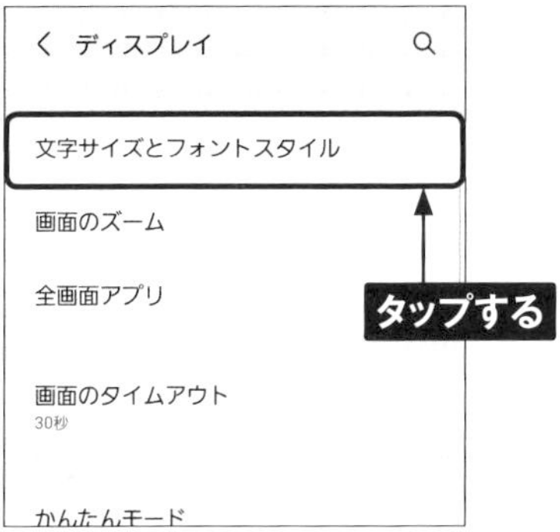

2 ［文字サイズ］で、一番右側をタップします。大きくするほど文字が拡大され、小さくするほど画面に表示できる文字が増えます。

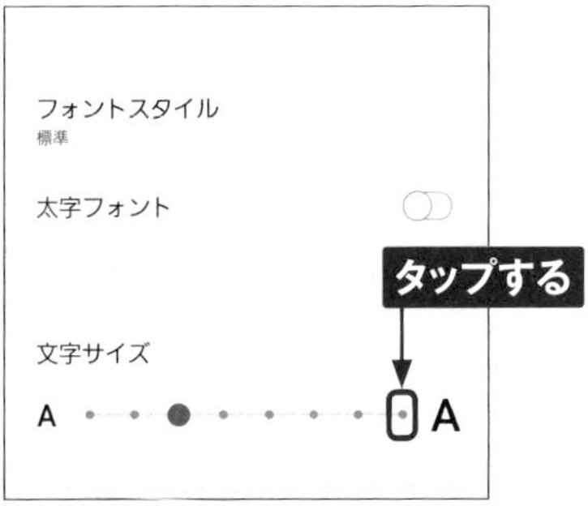

3 プレビューで大きさを確認することができます。

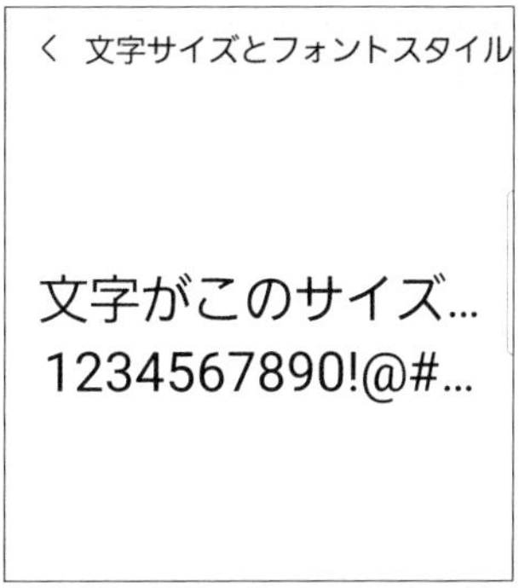

4 手順**1**の画面で、＜画面のズーム＞をタップすると、画面上のアイテムの拡大ができます。

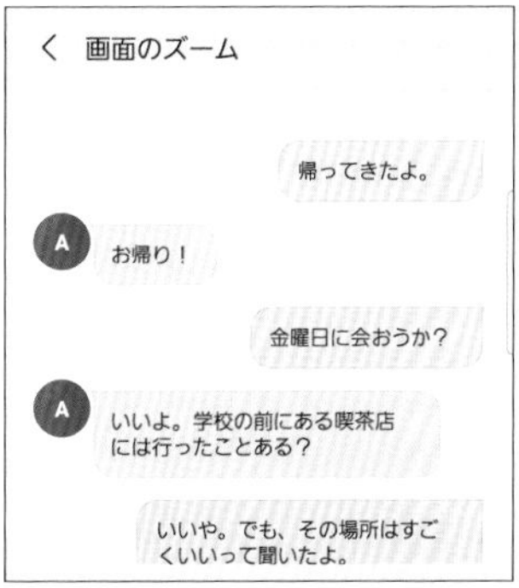

8

Section 69

デバイスケアを利用する

S21/S21 Ultraには、バッテリーの消費や、メモリの空きを管理して、端末のパフォーマンスを上げる「デバイスケア」機能があります。

端末をメンテナンスする

1 ［設定］画面を開いて、<バッテリーとデバイスケア>をタップします。

2 <今すぐ最適化>をタップします。

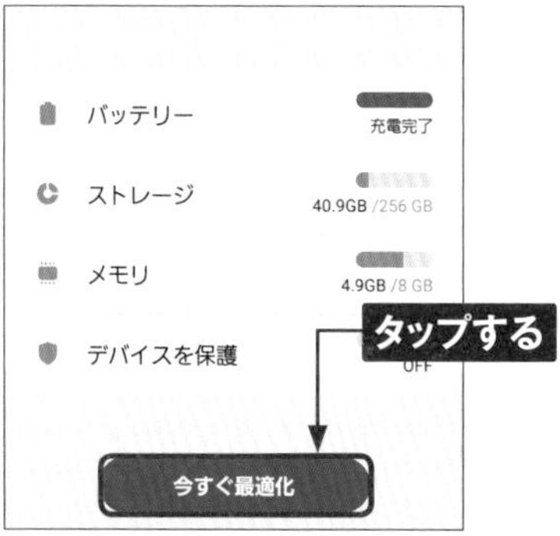

3 自動で最適化されます。画面下部の<完了>をタップします。

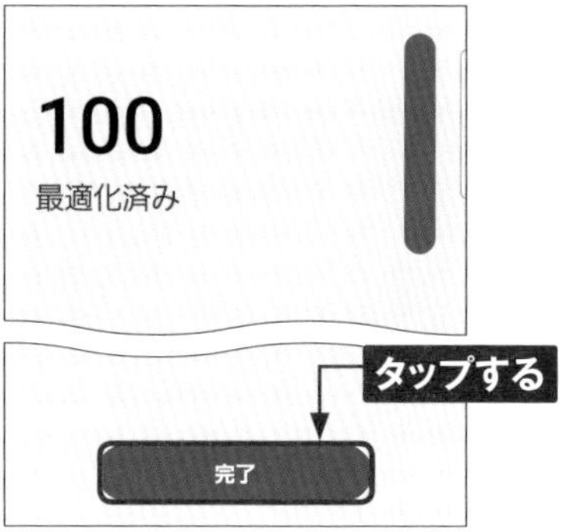

4 手順2の画面で、<バッテリー>をタップします。

5 ＜省電力モード＞をタップします。

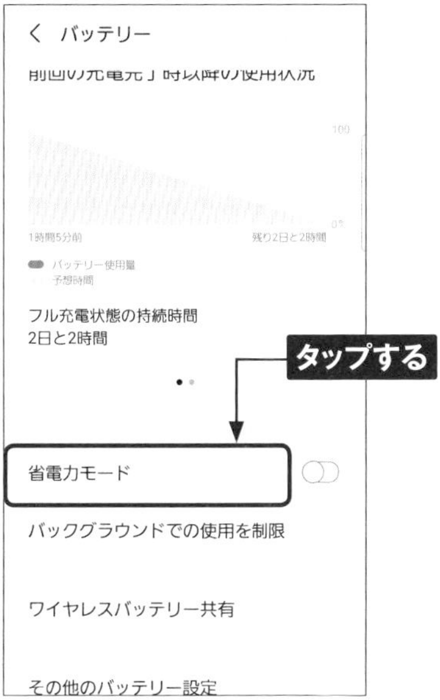

6 バッテリー消費とパフォーマンスのバランスを、選ぶことができます。

7 手順5の画面で、＜バックグラウンドでの使用を制限＞をタップします。＜使用していないアプリをスリープ＞が有効になっており、アプリが使用していないときに即座にスリープ状態になり、電力消費を抑えることができます。

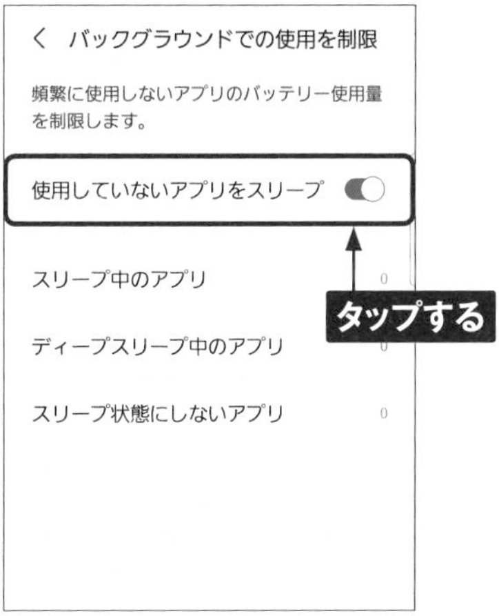

8 デバイスケアはウィジェットとして、ホーム画面に配置することができます。タップすることで、最適化をすることができます。

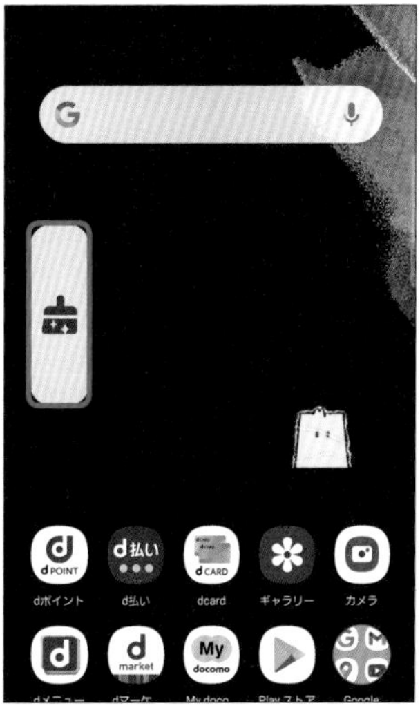

Section 70

アプリの権限を確認・変更する

アプリを最初に起動する際、、そのアプリがデバイスの機能や情報、別のアプリへのアクセス許可を求める画面が表示されることがあります。これを「権限」と呼び、確認や変更することができます。

アプリの権限を確認する

1 アプリを最初に起動したときに、このような画面が表示されることがありますが、これが「権限」の許可画面です。

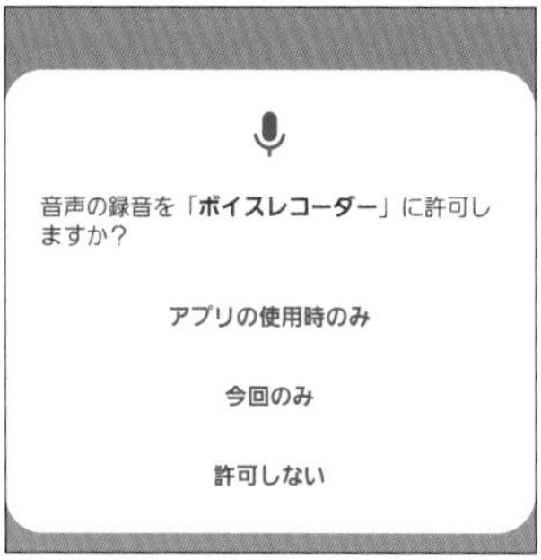

2 アプリに許可された権限を確認するには、[設定] 画面で<アプリ>をタップします。

3 権限を確認したいアプリ(ここでは<カメラ>)をタップします。

4 「アプリ設定」欄の「権限」に、このアプリが許可されている権限が表示されます。

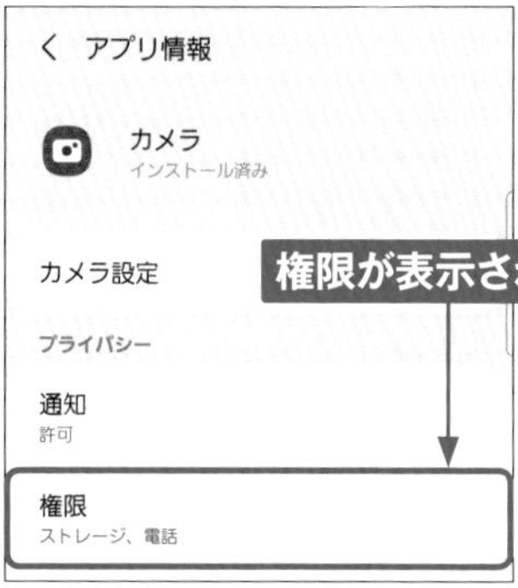

アプリの権限を変更する

1 アプリの権限を変更するには、P.184手順4の画面で、<権限>をタップし、表示された権限をタップします。ここでは、許可されている「位置情報」の権限を「許可しない」に変更します。<位置情報>をタップします。

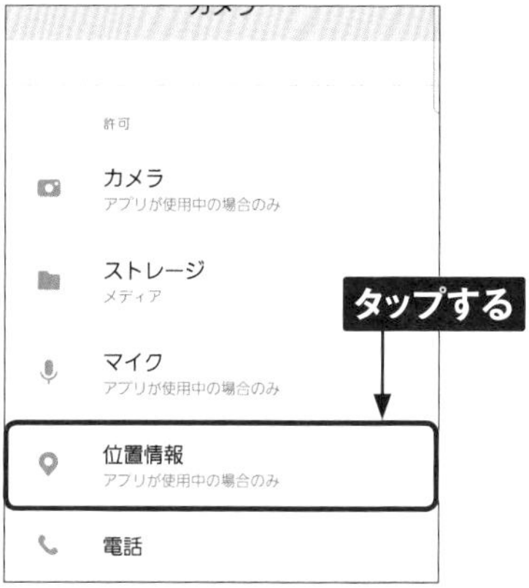

2 <許可しない>をタップします。アプリの権限には、「許可する」「許可しない」「アプリの使用中のみ許可」の3種類があります。

3 <をタップします。

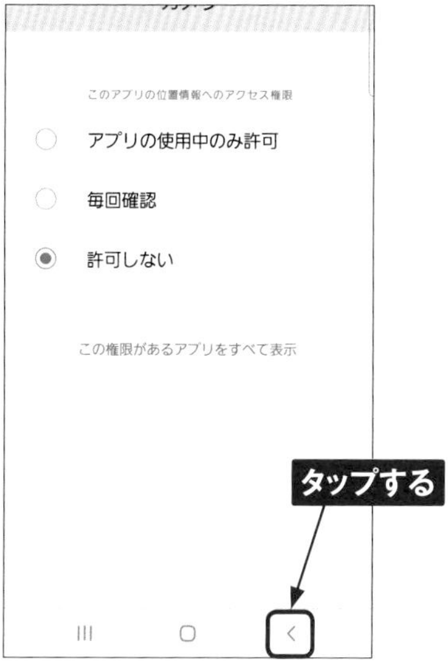

4 手順1で「許可」の欄にあった「位置情報」が、「許可しない」の欄に移動しました。

8

Section 71

Wi-Fiテザリングを利用する

Wi-Fiテザリングは、最大10台までのゲーム機などを、S21/S21 Ultraを経由してインターネットに接続できる機能です。一部の契約プランでは有料で、利用には申し込みが必要です。

Wi-Fiテザリングを設定する

1 ［設定］画面を開いて、<接続>→<テザリング>をタップします。

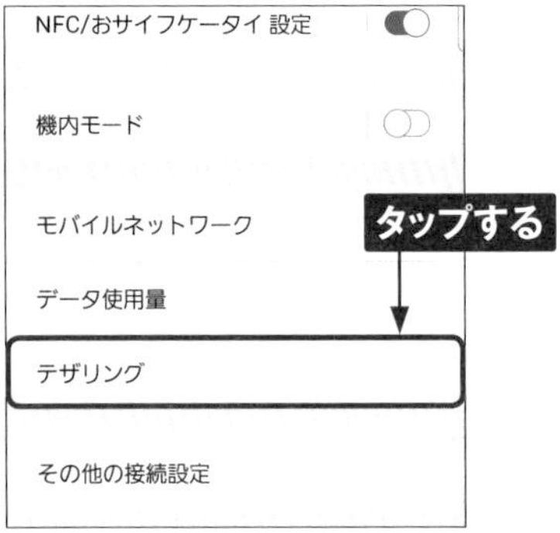

2 <Wi-Fiテザリング>をタップします。

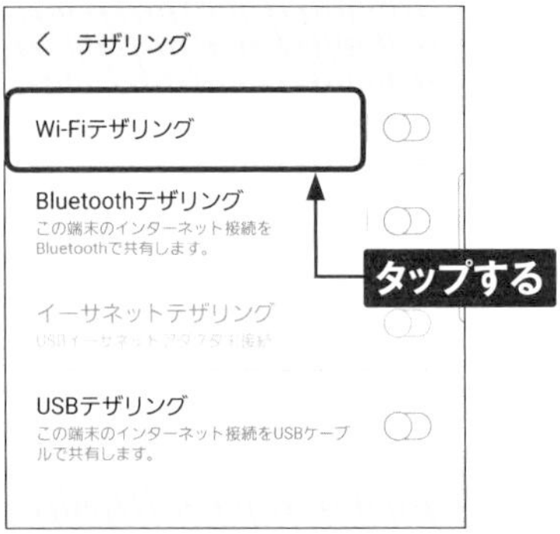

3 ［Wi-Fiテザリング］画面が表示されたら、<OFF>をタップして<ON>にします。

4 標準のSSIDとパスワードが設定されていますが、これを変更しておきましょう。<設定>をタップします。

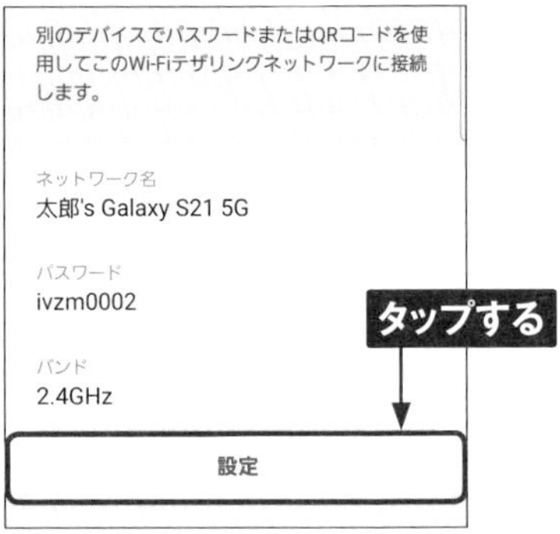

5

「ネットワーク名」を入力します。

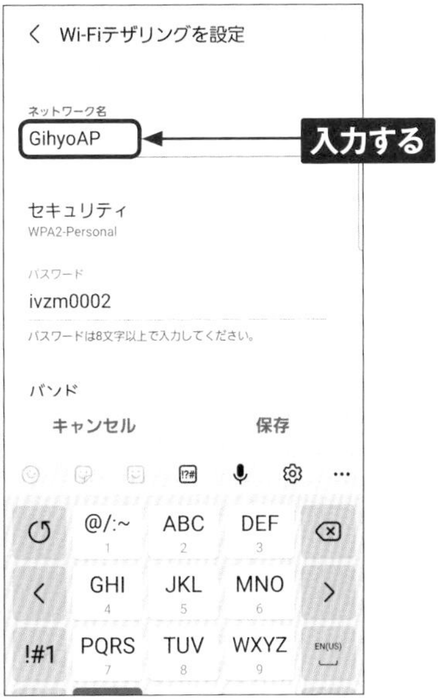

6

「パスワード」を入力します。<詳細設定>をタップします。

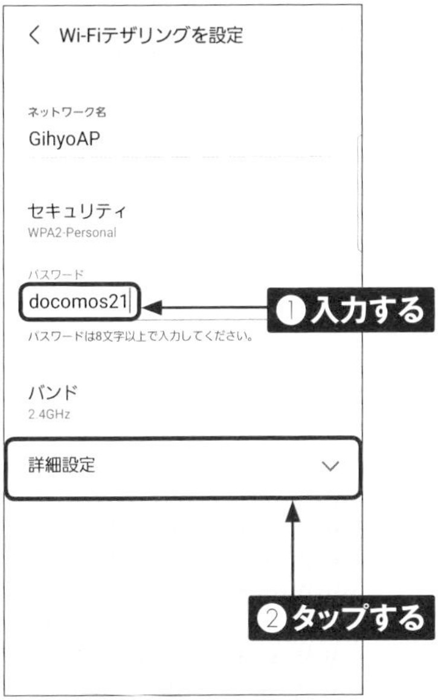

7

各項目を設定します。設定が終わったら、<保存>をタップします。

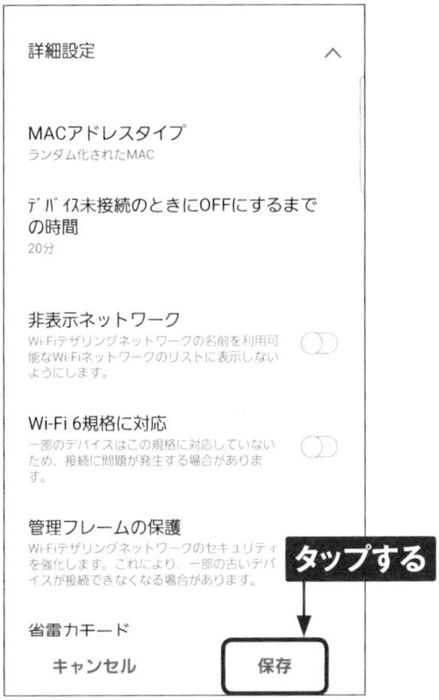

8

他の機器から、手順5、手順6で入力したネットワーク名とパスワードを利用して接続します。P.186手順4の画面左下の<QRコード>をタップして表示されるQRコードを、他の機器から読み取って接続することもできます。

8

Application

Section 72

初期化する

画面が固まって操作を受け付けないようなときは、リセットして再起動をすることができます。また、動作が不安定なときは、初期化すると回復する可能性があります。

工場出荷状態に初期化する

1 ［設定］画面を開いて、<一般管理>→<リセット>をタップします。

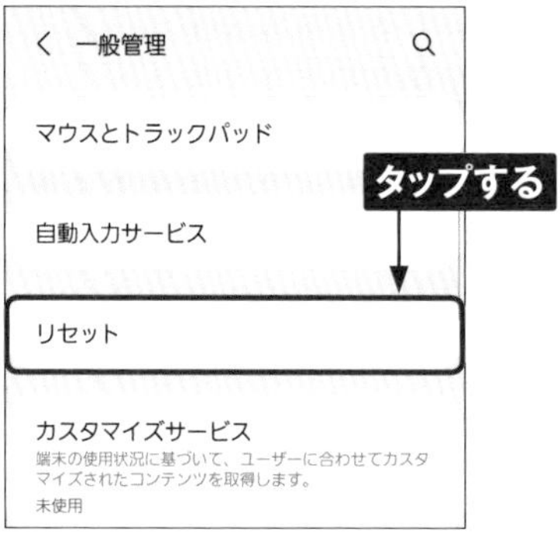

2 <工場出荷状態に初期化>をタップします。これによってすべてのデータや自分でインストールしたアプリが消去されるので、注意してください。

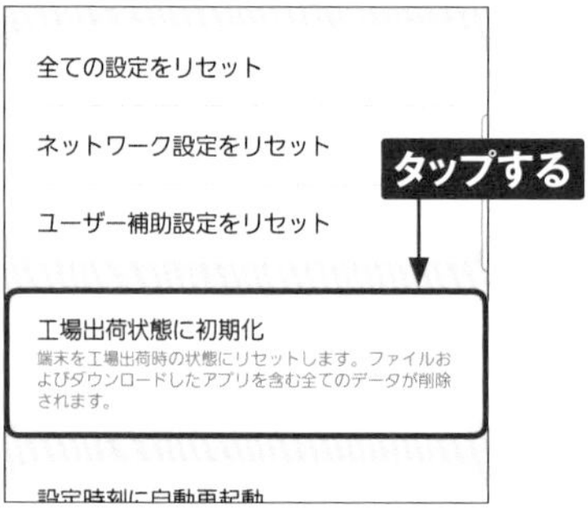

3 画面下部の<リセット>をタップします。画面ロックにセキュリティを設定している場合は、PINなどの入力画面が表示されます。

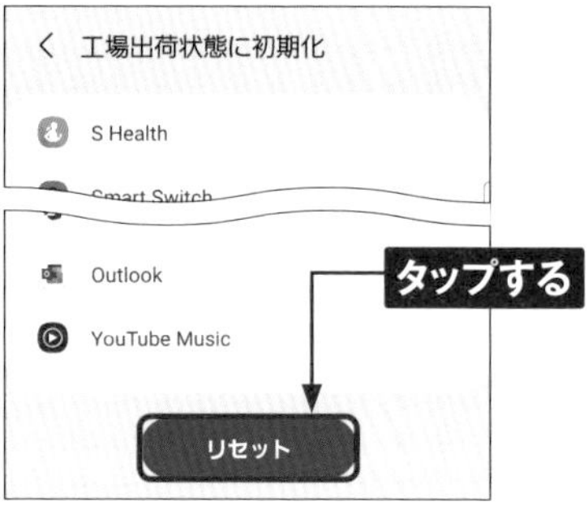

4 <全て削除>をタップすると、初期化が始まります。なお、Galaxyアカウントを設定している場合は、パスワードの入力が必要です。

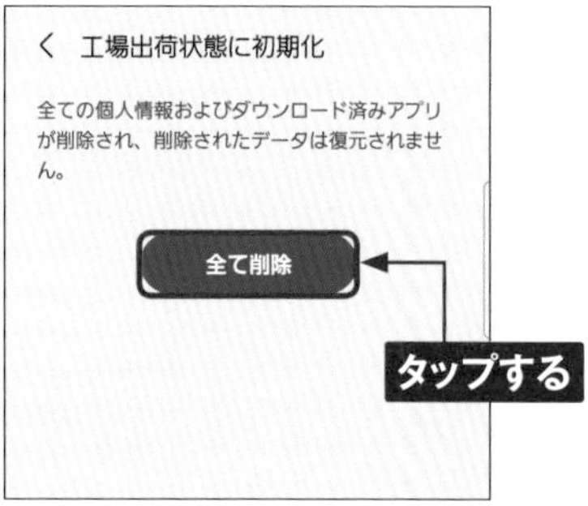

Section 73 本体ソフトウェアを更新する

本体のソフトウェアは更新が提供されることがあります。Wi-Fi接続時であれば、標準で自動的にダウンロードされますが、手動で確認することや、アップデートを予約することもできます。

ソフトウェアを更新する

1 ［設定］画面を開いて、＜ソフトウェア更新＞をタップします。

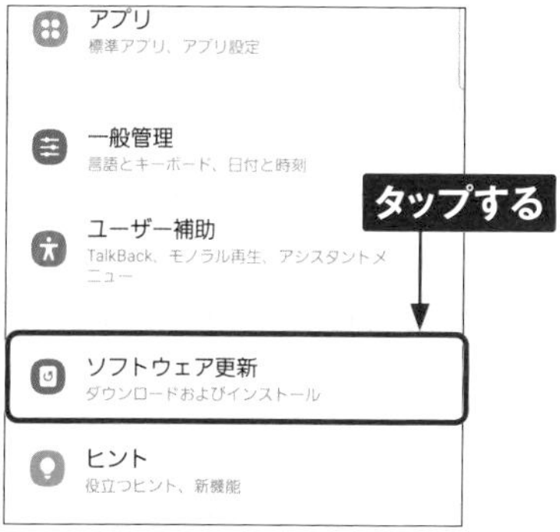

2 手動で更新を確認、ダウンロードする場合は、＜ダウンロードおよびインストール＞をタップします。

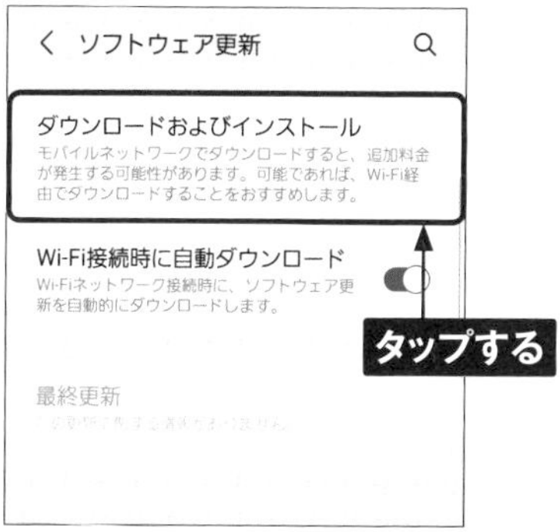

3 更新の確認が行われます。

4 更新がない場合は、このように表示されます。アップデートがある場合は、画面の指示に従って更新します。

索引

記号・アルファベット

あ行

か行

さ行

た行

な・は行

ま行

や・ら行

お問い合わせについて

本書に関するご質問については、本書に記載されている内容に関するもののみとさせていただきます。本書の内容と関係のないご質問につきましては、一切お答えできませんので、あらかじめご了承ください。また、電話でのご質問は受け付けておりませんので、必ずFAX か書面にて下記までお送りください。
なお、ご質問の際には、必ず以下の項目を明記していただきますようお願いいたします。

1 お名前
2 返信先の住所または FAX 番号
3 書名
（ゼロからはじめる ドコモ Galaxy S21 5G/S21 Ultra 5G SC-51B/SC-52B スマートガイド）
4 本書の該当ページ
5 ご使用のソフトウェアのバージョン
6 ご質問内容

なお、お送りいただいたご質問には、できる限り迅速にお答えできるよう努力いたしておりますが、場合によってはお答えするまでに時間がかかることがあります。また、回答の期日をご指定なさっても、ご希望にお応えできるとは限りません。あらかじめご了承くださいますよう、お願いいたします。ご質問の際に記載いただきました個人情報は、回答後速やかに破棄させていただきます。

■ お問い合わせの例

FAX

1 お名前
技術　太郎

2 返信先の住所または FAX 番号
03-XXXX-XXXX

3 書名
ゼロからはじめる ドコモ Galaxy S21 5G/S21 Ultra 5G SC-51B/SC-52B スマートガイド

4 本書の該当ページ
40ページ

5 ご使用のソフトウェアのバージョン
Android 11

6 ご質問内容
手順3の画面が表示されない

お問い合わせ先

〒 162-0846
東京都新宿区市谷左内町 21-13
株式会社技術評論社　書籍編集部
「ゼロからはじめる ドコモ Galaxy S21 5G/S21 Ultra 5G SC-51B/SC-52B スマートガイド」質問係
FAX 番号　03-3513-6167
URL：https://book.gihyo.jp/116/

ゼロからはじめる ドコモ Galaxy《ギャラクシー》 S21《エストゥエンティワン》 5G《ファイブジー》/S21《エストゥエンティワン》 Ultra《ウルトラ》 5G《ファイブジー》 SC《エスシー》-51B《ゴーイチビー》/SC《エスシー》-52B《ゴーニビー》 スマートガイド

2021 年 7 月 9 日　初版　第 1 刷発行

著者 …… 技術評論社編集部《ぎじゅつひょうろんしゃへんしゅうぶ》
発行者 …… 片岡　巌
発行所 …… 株式会社　技術評論社
東京都新宿区市谷左内町 21-13
電話 …… 03-3513-6150　販売促進部
03-3513-6160　書籍編集部
編集 …… 宮崎　主哉
装丁 …… 菊池　祐（ライラック）
本文デザイン・DTP …… リンクアップ
製本／印刷 …… 図書印刷株式会社

定価はカバーに表示してあります。

落丁・乱丁がございましたら、弊社販売促進部までお送りください。交換いたします。

ISBN978-4-297-12259-1 C3055

Printed in Japan